在光彩壮丽的景色中，

在宁静中，

我的内心一片祥和安宁。

松尾芭蕉

—— 和风禅境 ——
打造纯正
日式庭院

[日] 川口洋子 著

张小媛 译

中国水利水电出版社
www.waterpub.com.cn

献给川口岸、川口顺子和西门·里斯

目录

简介

　　全世界的人都为日式庭院所着迷。人们喜爱日式庭院多是因为它环境清幽，令人宛如置身于静谧的大自然。日式庭院有一份独特的宁静感，而这份宁静感正源于建筑和植物的用材至简。

　　日式庭院以克制、秩序、和谐与得体为设计准则，希望能为观赏者提供一个平和沉思的环境。它是热爱生命万物的表现，是对大自然四季转瞬即逝的接受，也是对永恒不朽的感悟。

　　从最迷你的坪庭到最宏伟的公园，日式庭院欢迎观赏者来细细体悟它的永恒。

上页图：在立着春日石灯笼的地方观赏建造于隐秘溪谷上的茶庭，位于英国柴郡塔顿公园（Tatton Park）。

上图：弧形的山峰和茂密的树林从湖面升起，与富士山的宁静优雅形成对比。数世纪以来，日式庭院设计师都在想方设法重现日本风景的柔顺平滑与蜿蜒起伏。朱红色鸟居标志着神社的入口。

19 世纪后半叶，西方首次兴起日式庭院热潮。在日本首次对外开放后的 50 年里，日本和风横扫欧美，日式庭院也是其中的一部分。全面对外开放之前，除了 17 世纪短暂的一段时期，日本对其他国家都奉行锁国政策。那时，只有少量中国和荷兰商人被允许在长崎外的小岛上进行贸易。荷兰东印度公司把日本瓷器和涂漆的箱子以及橱柜运回了欧洲。当时大部分欧洲人对日本的了解就来自于这些家具上印的花、鸟、松、岛。

最初，欧洲人更喜爱中式庭院而非日式庭院，因为中式庭院沿袭了瓷器、家具和布料上体现的源远流长的中式图案潮流。西方首批记录在册的真正的中式庭院出现于 1726 年至 1750 年间，它们引爆了仿中式庭院房屋的时尚热潮，这股潮流由英国开始，并迅速蔓延至法国及欧洲其他国家。楼阁和宝塔取代了传统寺庙，成为了当时英式景观庭院的标志性元素。在西方人的想象里，中式庭院是小姐公子们琴歌酒赋的娱乐场所。从东方归来的游客表示，正宗的中式庭院并非采用当时欧洲中式庭院的对称设计（欧洲大部分建筑的设计依然受法国传统风格的影响）。这种不拘一格的设计风格立刻被那些渴望摆脱法国传统风格桎梏的人所追捧。中式庭院的魅力在于，一座庭院内包罗了各式各样的景致。设计了邱园的宝塔及其他建筑物的威廉·钱伯斯爵士（1723—1796）认为，18 世纪伟大的英国景观庭院设计师朗塞洛特·布朗（1715—1783）在"更具自然特色的"开放式景观上用力过猛。钱伯斯在他的《东方造园论》（1772）一书中倡导，要更好地利用地形，以及种植造型更随意多变的灌木，尤其是观花灌木，还应该利用建筑来提升景观的多样性。他的理论与中国人的喜好如出一辙。

有人主观地认为日式庭院一定弥漫着奢华性感的东方气息。他们觉得日式庭院和中式庭院一样都是人工造景。虽然钱伯斯相信，谨慎巧妙地使用人工造景能升华一座庭院，但日式庭院还是经常被贴上"矫揉造作"的标签。而在其他艺术领域，日式风格都没有引发这么多质疑。日本对外开放后，更多的屏风、扇子、丝绸、木板印花出口到西方，并立即对艺术家及其他群体产生了影响。在画家尝试使用陌生日式技艺的同时，

棱角分明的岩石充满张力；它们也呈现了围绕枯山水庭院的天然杉树的形态，庭院位于华盛顿西雅图，由特里·韦尔奇（Terry Welch）设计。

商店也开始迎合偏爱异域艺术品的英国人和法国人。1875 年，亚瑟·莱森比·利伯提的首家店铺在伦敦开业，销售日本布品。日本主题的歌剧和轻歌剧迅速登上伦敦和巴黎的舞台，其中包括卡米耶·圣—桑的《黄衣公主》（1872）和吉伯特与沙利文的《日本天皇》（1885）。这两部歌剧都将日本塑造成了梦幻国度，然而吉伯特只在《日本天皇》预演的时候参观过骑士桥某个展会上的日本村庄。那个村庄雇佣了来自日本的手工艺人、舞者、音乐家和杂技演员。村里还有一间茶屋和一座庭院，有女仆服务，吉伯特给她们照了相。

日本意象

西方戏剧界可参考的日本资料越来越多。1870 年至 1890 年间出版了许多旅游书籍，记录了首批勇敢无畏的游客游览日本的经历。紧接着出版了许多小说，以纸醉金迷、灯红酒绿的日本为故事背景，内容多是日本女性与西方男性的浪漫爱情故事。皮埃尔·洛蒂根据自身在长崎担任海军军官的经历写下了《菊子夫人》（1888）。1893 年，安德烈·梅萨热将它改编为歌剧。贾科莫·普契尼创作《蝴蝶夫人》（1904）的时候，也受到了《菊子夫人》小说和歌剧的影响。《菊子夫人》中的主人公到达日本，期待能看到被鲜花绿树所环绕的小木屋。尽管他并不把日本文化放在眼里，但他还是希望日本是他想象中的样子。然而，在日本待了一段时间之后，他开始深深厌恶他心中所谓的日式做派。洛蒂的小说传播了奇松、小桥和小瀑布组成的微型庭院意象：身穿和服的女子居住在此，她们步履轻快、天真无邪，从茶屋的弧形屋檐下走过。

满地落花是风靡西方的另一个日本意象。音乐剧《艺伎》是 19 世纪末伦敦舞台上最负盛名的剧作之一，1896 年于戴利剧院首演。拉开帷幕，映入眼帘的是万喜茶屋，艺伎们站在红色的驼峰桥上，桥下是一汪鲤鱼池。花朵曾被看作创建日式场景的必备元素：第一幕，紫藤从茶屋的屋檐上垂下（然而日本从不靠墙种植紫藤）；第二幕，舞台上铺满花期比紫藤晚许多的菊花（然而从第一幕到第二幕并没有发生时间上的变化）。日式庭院与令人陶醉的纷繁花朵和性感迷人的年轻女性密不可分。在《蝴蝶夫人》的最后一幕中，女主角和她的侍女铃木在屋内起舞，地上铺满樱花、桃花、紫罗兰、茉莉、玫瑰、百合、马鞭草和晚香玉的花瓣，欢迎蝴蝶夫人的美国丈夫平克尔顿归来。

与此同时，富裕的庭院大师把庄园一角改造为日式庭院变成了一种时尚。18 世纪末，来自瑞典的医生兼自然学家卡尔·佩特·屯贝里（1743—1828）曾随荷兰团队访日并将枫树、西米棕榈、双花棣棠等植物带回欧洲。随后，菲

透过满园春色可以瞥见一条连级瀑
布，这里开满了山茶花和樱花。前排
是修剪整洁的树篱，有着干净优雅的
造型和与樱花树刚好匹配的高度。

格洛斯特郡的巴兹福德公园展现了对比鲜明的秋季色彩。伞形山地李樱花 "Spire"（右后方）成为了露台的华盖；非常规形状的美国红枫将这个形状组合融入背景的森林中。色彩鲜艳的大鸡爪槭映衬出山地李樱花的形状，将整个景色凝聚在一起。

利普·弗朗兹·冯·西博尔德（1796—
1866）将更多的植物引入了欧洲，包括
单花棣棠、多种杜鹃、金钱蒲、玉簪花
和青木。这位来自德国的医生兼自然学
家曾在荷兰东印度公司于长崎所设的贸
易站生活过。屯贝里和西博尔德都著有
关于日本植物的书籍，也都描述了自己
在日本的旅行见闻。从日本向西方开放
到一战爆发期间，许多植物收藏家前往
日本，其中有来自英国的罗伯特·福特
尼（1813—1880）、詹姆斯·古尔德·韦
奇（1839—1870）和 E. H. 威尔逊（1876
—1930），来自俄罗斯的卡尔·伊万诺维
奇·马克西莫维奇（1827—1891），以及
来自美国的戴维·费尔柴尔德（1869—
1954）。费尔柴尔德对樱花的痴迷为人所
津津乐道；多亏了他对樱花的这份热忱，
华盛顿波托马克河沿岸才能种满日本樱
花。有来有往，费尔柴尔德也把美国四
照花的树苗带到了东京，这种树在如今
的日本依然非常受欢迎。

　　首批在英国建造日式庭院的人里
有归国外交官。A. B. 弗里曼·米特福
德（1837—1916）就是其中之一，他在
1902 年成为了德雷斯戴尔男爵（他也是
作家南希·米德福德的祖父）。《古日本
的故事》（1871）出版之后，他在自己
位于格洛斯特郡巴兹福德公园的庭院里
栽种了 50 个种类的竹子。他所著的《竹
园》（1896）讲的就是这些竹子。世纪之
交时，路易斯·格雷维尔（1856—1941）

下图：日本的松树和枫树是盆景热门选择，也是
日式庭院里最重要的树。
　　庭院植物和盆景植物一样都需要修剪，这样
才能让树木形状更加标致，并展现出树木内在的
美感。这张图片中的枫树属于七裂鸡爪槭，树叶
为经典的七裂形。

在威尔特郡的席勒花园建造了一座日式庭院；庭院里有一间茅草茶屋和一座朱红色的桥。约西亚·肯德尔关于日式园艺的书也在这时面世。肯德尔（1852—1920）接到在日本设计西方建筑的委托，他写了两本关于传统园艺的书：《日本花卉与插花艺术》（1891）、《日本景观园艺》（1893）。在这两本书里，尤其是后一本书里，读者可以看到更多能够作为借鉴素材的桥、石灯笼、石头和修剪过的松树。

中国人玩赏盆景已有数百年历史，盆景是将矮树与山石搭配在盆中一门表现自然的艺术。1872 年，利物浦为了纪念日本大使及其同事，举办了盆景展览。20 世纪前 20 年，大型和微型的日式园艺在英国都发展到了巅峰。日式庭院在英国爱德华时代的上流阶级中大肆风行，不仅盆景树的贸易稳定，富有的主顾还从日本聘请园艺师到英国为他们建造庭院。该时期留存至今的庭院有：柴郡的塔顿公园、赫特福德郡本廷福德附近的科特雷德庭院、基尔代尔郡附近的图利庭院（庄园的另一部分是如今的爱尔兰国家种马场）。肯特郡法弗沙姆附近的以法莲山山腰上有一座日式石头庭院。萨里郡金斯顿区附近的库姆伍德庭院位于詹姆斯·维奇的私人花园，这里出售詹姆斯·维奇本人、他的儿子詹姆斯·古尔德和 E. H. 威尔逊收藏的植物，它吸收了隔壁庄园一座特别美丽的水景日式庭院的一些元素。伊福德庄园位于威尔特郡雅芳河畔布拉福附近，它是建筑师、景观园艺师哈罗德·贝托（1854—1933）的故居，哈罗德·贝托设计了席勒花园的地景。伊福德庄园里也曾有一座日式庭院，如今已经成功修复完毕。欧洲建筑效仿的日式庭院元素纷繁复杂，其中最容易领会的当属水景的美。自然环境里的池塘在画家描绘的庭院中占据重要地位，例如印象派画家克劳德·莫奈（1840—1926）和格拉斯哥学派的 E. A. 霍内尔（1864—1933）的画作中均有呈现。

微型景观

强调庭院石组布局的日式艺术概念对西方园艺师来说或许不太简单，但过去 30 年兴起了一股东方宗教热潮，日式园艺神秘的一面，尤其是禅宗，引起了外国园艺师们的兴趣。枯山水庭院中的石组可以象征佛法、可以辅助禅修，也可以仅仅用于营造坚定永恒之感。听起来或许有些奇怪，但这些朴素抽象的石沙庭院与池景庭院之间的关联清晰可见，仿佛有一条线贯穿了过去 12 个世纪以来的日式园艺传统，而这条线就是对日本岛屿山光水色的爱：遍布松林和竹林的山、覆盖着金色稻田的山谷、岛屿星罗棋布的近海，海浪冲平了闪闪发光的沙滩，拍打着岩石形成的海岸。这条线也包含了对四季的爱，温带海洋性气候分明了日本的四季：冬季的雪与霜、春季树叶上的露珠、夏季炫目的阳光、秋季清蓝的天空。

这些元素不断融入日式庭院的设计里。年代最久远的传统庭院呈现的是大自然的山、林、瀑布、湖、溪和草地。与花亭的意象形成对照，各种类型的日本庭院都用绿色织就了华丽的锦缎，并以白色碎石和青灰岩石作为衬托。有节制地栽种观花树木、灌木、多年生植物、一年生植物、浆果植物和斑叶植物。即便是对落叶树的栽种也通常很克制，包括树叶色彩绝佳的极品鸡爪槭。通过巧妙布置少量精选植物，来强调季节性元素。实际上，这对日式庭院而言，冬季也并非淡季，因为石、沙和培植的常青树、针叶树并不会发生变化。

日本人并非对杂交植物兴味索然，和全世界的人一样，日本人也为大自然

下图：这座山水池泉庭院位于美国加利福尼亚州圣马力诺，按照日式传统设计，打造了平滑起伏的地形。

用基因轮盘描绘的无尽图案和色彩所着迷，培育出数之不尽的珍品牡丹、牵牛花、菊花，还有备受狂热爱好者追捧的虾脊兰。18 世纪时，各式各样的山茶花和立花橘十分火爆，其热度与 17 世纪席卷欧洲的郁金香热不相上下。英国北部则流行菊花、耳状报春花和香石竹。

然而，这种对花朵的热情一直都未与传统造园艺术相关联。例如，极品玉蝉花多种在花盆里而非庭院里，这样便于在室内近距离地观赏艳丽的大花。

捕捉日式庭院精髓的最佳方式不是试图在不适合的地方种植杜鹃花和枫树，不是建造朱红色的桥和茶屋，也不是修葺不断冲击岩石的瀑布，而是要试着重建园艺师喜爱的当地风景。比如，在苏格兰打造庭院可以使用苏格兰石楠花。重点在于将当地特色当作建造庭院的工具来营造日式庭院独特的静谧感，而不是照搬照抄外国风景。最终目的在于通过强调空间、简朴和形状来营造宁静效果。

改变园艺风格

日本大部分地区为酸性土壤，这在很大程度上决定了所能选择的园林植物非常有限。大部分为本地品种，其他诸如牡丹、桃花和海棠花等，都是在古代被带入日本的珍贵中国灌木；中国的药用植物十大功劳等其他灌木则是在17世纪和18世纪进口到日本。还有一些欧美植物也受到了日本人的喜爱，尤其是金雀花和美国山茱萸。日本人虽然将他们的庭院风格定义为自然主义，但这些庭院并非森林庭院或野花庭院。相反，精挑细选过的植物、岩石和石块浓缩并体现了本土风景的精气神。

来自海外的异域植物越来越多，日

本庭院的风格也在发生改变。种有薰衣草和玫瑰的英式庭院在日本也很流行，但这两种花似乎都经不住日本较潮湿的气候。使用传统木材和抹灰篱笆墙建造的房子越来越少；建造现代房屋使用的都是预制材料。房屋里铺了地毯，而非厚厚的榻榻米；安装了窗帘，而非糊着米纸的滑动门。过去的 1200 多年里，日本人都跪坐在地板的垫子上，在一尘不染的走廊上观赏庭院。50 年前，日本人的习惯开始西化。到现在，起居室配备的家具多为沙发和咖啡桌，日本人也更愿意透过玻璃窗或露台玻璃门来欣赏庭院。建筑和设计的风格都有所变化、有所发展。如今，日本的庭院变得更亮堂了，阴郁的常青树少了，草坪多了。

花也更多了。但有时，古老的设计能提醒我们用不同方式来审视庭院。对不熟悉日式园艺传统技术和概念的人而言，学习这些日本传统文化可以刺激他们的灵感，帮助他们打造自己的庭院。

日式园艺的传统文化可以追溯到 1400 年前。虽然由于庭院的社会功能发生了改变，庭院也因此发展出了许多不同风格，但庭院的根本概念却始终如一，那就是把自然界削减至只剩必要元素，提炼自然和时间的杰作。庭院就像珍品盆景一样总是代代相传。它们超越了时间和时尚，庭院的美老少咸宜，具有普遍的吸引力，让那些继承者感到平和。

下一章将介绍 4 种基本的日式庭院：山水池泉庭、枯山水庭院、茶庭和坪庭。

上页图：这座位于瑞士的日式庭院仿佛延伸至天边，以天空和远山灰灰的轮廓为界。马克斯科赫花园将种植着燕子花的私人水景庭院与远方的湖景完美相联。凸起的木板桥是理想的观赏点，应选择天然材料制作的木甲板，防止它们与庭院的整体格调相冲突。

未上漆的观赏桥很适合作为庭院背
景。同时，修剪得当的常绿灌木
和杜鹃衬托出了这类观赏桥的正式
感。可以将中等大小的松树、吊钟
花、更高的常绿灌木与贴地杜松相
结合，布置在水景附近。东北红豆
杉和圆柏等松柏类植物都有矮化品
种，在此环境下适用。精心修剪树
木和灌木，保证它们的整体造型。

第一章

传统日式庭院

　　17世纪的诗歌里出现了对日本庭院最早的描写。从那些诗句中可以看出，湖、岛和桥是那个时期贵族庭院的主要元素。如画的岩石海岸线也让风景富于变化。

　　从一开始，日式庭院就是具有高度自我意识文化的产物，这种文化试图在人类居所附近重新创造自然风景，同时也提醒着人们不要忘记大自然的粗野狂暴。

山水池泉庭

重现什么样的风景与设计者对家乡的印象密切相关。在湖中央建造岛屿，体现了日本人对自己岛国居民身份的认同。18世纪末日本王室迁往京都之后，这类庭院在贵族生活中扮演起了更加重要的角色。京都地区泉水丰沛，还得到来自环城密林高山中东、西、北三个方向的清澈河流的充分灌溉，因此湖在庭院设计中变得空前重要也不足为奇。京都建造第一座御所的时候，也围绕御所南边的圣泉建造了一座庭院。最终建成的庭院里有一大片湖，湖上有座圣岛，可以从另一座御所远眺观赏。之后，京都的贵族庭院设计都以这座庭院为原型。

接下来的4个世纪，许多高度成熟的文化都发祥于这些庭院御所。比如《源氏物语》，它描写了情绪微妙敏感的贵族生活。《源氏物语》的作者紫式部生活在10世纪末、11世纪初。她对情感的描写拿捏精准，包括人物对自然界的回应，尽管这些回应都受到了当时时代习俗的约束。王室严格执行复杂花哨的仪式，例如将非常正式的郊游安排在秋季的山上进行。贵族们在山上采摘野花自娱自乐，再将花重新种在自家的庭院里。到较远的寺庙朝拜也是贵族们得以

右图：美国旧金山日式茶庭的兴起可以追溯到1894年加利福尼亚仲冬博览会时期。这座有着朱红色大门的五层佛教宝塔，最初是作为1915年巴拿马—太平洋国际博览会日本馆的展品而建造的。这些建筑后来被作为茶庭的一景。在池塘周围斜种着矮树和灌木，并以日式的风格对其修剪成形。

离开城市的罕见机会。沿路可以看到银白沙滩、清风抚松和汪洋大海，他们希望在画中和庭院中重现这些风景。

典型的御所朝南面向广阔的沙坪，这里是举行仪式的场所。更远处可能种植着一些散乱的植物，还有一大片湖。湖水由凿出的沟渠引出，从庄园的一头流经许多走廊，直到庭院。用石头装饰小溪，模仿潺潺的山泉，周边刻意打造出略微起伏的地形。还移植了山上的野花丛——桔梗花、玉簪花、黄缬草和灌木胡枝子。京都贵族喜爱打造与周边环境一致的低缓山丘。京都的居民生活在三面环绕着苍翠树林的缓丘陵中。日本

一些古老的诗歌中记载着，在奈良和飞鸟两座古都周围有着形状完美的弯顶状山脉，它们在人们的记忆中历久弥新。这些"阴柔"的山与东方险峻崎岖的山大相径庭。19世纪日本对西方开放后，它们有了"日本阿尔卑斯山"的名号。

很多宏伟的庭院复制了曾被大阪湾环绕的银白沙滩。为了形成对比，多岩石的海岸线常被用来表现大自然更狂野的一面。湖中最多可以有三座岛屿，以桥相连。王室开展娱乐活动时，这些岛屿就是乐师们的理想舞台，除此之外，他们也可以在镀金绘彩的船上表演。宾客们可以从御所游廊透过松树间的缝隙进行观赏，

上图：垂柳以一种巧妙的姿态倚靠着池塘，水面浮现它的倒影。鸡爪槭也常以这种方式栽种。

随着船飘近或走远，音乐声也时近时远。从另一间可以观赏到花园的房间可以看到庭院全貌，它直接建在湖面上，从此处或者一处僻静的甲板上，皇室们可以欣赏各种专门设计与水面相互映衬的景色，到了晚上，还可以欣赏一轮明月既挂在天上，又映在水中的美景。

寺庙庭院与御所庭院

令人难过的是，数世纪后，这些御所庭院都没能保留下最原始的形态。不过，这样的贵族庭院为 11 世纪出现的一种佛教寺庙庭院提供了灵感，此类佛教庭院多为贵族佛教信徒建造。这种庭院也叫净土庭院，因为它们总能令人联想起佛祖所在的极乐世界。庭院中的寺庙正殿面湖而建。佛像位于正殿，它安详地凝视着宁静的寺庙，圣洁的莲花在湖面上盛开。

12 世纪，政权开始转移到武士阶级手中，建筑风格也随即发生了变化，这与武将们粗野乡土的出身密不可分。许多大权在握的武将晚年时期遁入佛门，这意味他们建造的许多别院居所也使用了大量的寺庙建筑元素。这时期很多庭院都不再建造将房屋与湖隔开的露天仪式场所。作为景观欣赏作用的石头风靡一时，越来越多的人把庭院湖心浮现的石块看作佛教传说和中国神话中的仙山。为了能从不同的角度观赏庭院，还设计了小径，散步型庭院渐渐成形。

水景、建筑、石块、苔藓、树木、灌木，它们都是为营造庭院多层次效果所必不可少的元素。茶庭在十六七世纪有所发展，散步型庭院的设计迅速吸收了新元素，茶庭私密端庄的特质被放大。京都著名的王室庭院桂离宫和修学院离宫就是在那时建造的。桂离宫坐拥 5 个大大小小的岛屿，通过步石、小径、小桥将它们相连。某处，一条铺满卵石的小路伸向湖面，小路顶端有个圆形石灯笼立在凸起的石头上，宛如迷你灯塔。这块洲滨想展现的是日本海海岸的著名风景"天桥立"。环绕桂离宫庭院的小路高高低低，就像峡谷和山口，山口处还有座山间旅馆般的朴素建筑。桂离宫除了汇聚多美景缩影，其自身还是个茶庭，共有 7 个茶室招待宾客。在桂离宫可以看到茶庭的常见元素：供人们会面的檐下长椅、沿小径排列的石灯笼，以及洗手钵等。宫殿群庄严地矗立在空旷草坪的正中央。整洁有力的线条和朴实无华的格调使之成为一座别具特色的庭院。

日本庭院历史上的巅峰时期过后，接下来的两个世纪里，散步型庭院仍是日本顶级贵族的地位象征，也是他们经济上的重大负担。封建领主用结构精巧的散步型庭院表达自己的一种特殊意愿。封建君主即江户（东京）幕府时代的将军通过这种方式确保臣下的财力完全耗尽，没有足够的闲钱叛乱。然而，这仅仅是一种僵硬死板的想法，武士阶级文

左页图：栗林公园，位于日本四国的高松市，是当时大名（封建领主）的宫殿隐居地。这个公园的历史可以追溯到 17 世纪，湖中的岩石代表着源自中国神话中的长生岛。远处的建筑是 1746 年重建的茶舍掬月亭。

上图：在东京皇居御苑的池塘边，一盏粗犷的石灯矗立在鹅卵石铺就的岸边。

化全盘崩塌后，日本终于不得不在19世纪中期向西方世界敞开大门。

假山

西方园艺师们总是想方设法地夷平地面，好铺设平整的草坪。而日本的庭院建造手册则指导园艺师如何让平地高低起伏，令庭院更有层次感，为庭院营造远景。如果在庭院中建造了池塘和小湖，那么挖出的土最适合用来堆砌小土丘、小山坡、小圆丘，创造地势略微起伏的景观。

日式庭院往往没有密集的植物，京都的庭院空地广阔。也不用灌木或多年生植物覆盖整个土坡，设计理念重在留白。可以用石组点缀土坡的半腰处，辅以少量杜鹃花丛或蔓生杜松。地被植物的选择类型十分丰富，例如大片麦冬，它们有着独特的条状叶片，与苔藓相映成趣；也可以使用修剪整齐的矮绿篱植物，比如杜鹃花或竹叶草，它们与广阔的草地形成了对比。高耸的树木适用于大圆丘。如果庭院想要重现树木繁茂的山坡景象，可以用修剪成圆形的灌木和高高低低的树木打造层层绿波的视觉效果。

在比较平整的地面上可以种植同样种类的树木，构建森林的意象。通过清除大树下的灌木，让成片森林中的多年生植物引导视线，同时营造出宽敞的空间感。另一个技巧是，在最佳观赏位置附近种一株高大的灌木或树木。日本庭院中的这个位置比较流行种丹桂，也就是桂花，它在秋季会开满香味浓郁的橘红色花朵。通过这种方式，既能享受被茂密植物所环绕的快乐，又无须过度填充庭院。只使用枝叶繁茂的高大树木，

下图：马醉木、齿叶冬青、杜鹃等灌木可以种植在岩石边上，填充不协调的角落或柔化角落的线条感。它们的形状易于调整，可以用它们来衬托岩石，但不要喧宾夺主。

就能自然地强调出树木的高度。如果过于高大的树木破坏了庭院平衡的视觉效果，可以添加较矮但有型的灌木、石造洗手钵或石灯笼来稳定整体效果。

建造假山时，可以先往下挖30cm或以上来松动表层土壤。再一层一层给土堆添土直至30cm高，每层都要牢牢夯实后再添另一层。在正中央插入一根标着土堆期望高度的木棍将多有裨益。由于土堆难免会下沉，因此最好比预期高度多添一些土。土堆的坡度应该介于35°～45°之间。最后一步是平整土堆表面，种上合适的地被植物，让土堆更稳固。

山水池泉庭的设计

大型庭院：在大型庭院里，可以用山、湖、岛来打造丰富多变的景观，再用桥将岛与庭院的其他部分相连。从很大程度上来说，这只是尺寸比例的问题，但这个问题主要取决于园艺师想要营造哪种基调。为了保留露天开阔的感觉，最好只用岩石建造一座简单的岛屿，也可以再配上一棵松树。这样可以观赏到岛屿另一侧的海岸，带碎石或鹅卵石的沙滩让植物稀疏的海岸线显得朴实无华。植物密集的庭院则需要搭配同样风格的岛屿，想让色彩更加丰富，也许可以建造彩色的桥。

下图：如图中所见，观赏桥是庭院的焦点，适合在此展示最珍贵的园景树。桥尾有一棵枝繁叶茂的大树，能起到一定的遮阴作用；垂柳和鸡爪槭在日本很受欢迎，但四照花和紫荆等高大观花灌木，以及欧洲鹅耳枥和桤木等知名树木都是很好的替代品。其他树木和灌木要按高度降序精心挑选。

上图：无论你要设计一座规模庞大如京都的宁那寺（temple Ninna-ji）般的庭院，
　　　还是一座小巧的家庭庭院，首先要确定的都是空间的整体布局。

这类大型庭院与 18 世纪宏伟的英式景观庭院有些许相似之处。其设计目的在于通过充满想象力的观察和提炼来展现自然，因此要尽量避免使用高度杂交的植物品种，尤其是花朵色彩醒目、现代的观花灌木，还要尽量少用斑叶植物。一两棵布局巧妙的树木或灌木可以吸引人们的视线，为黑暗的角落增添亮点，但过多使用只会起到反效果，分散观赏者的注意力。这点同样适用于青铜叶树木和灌木的使用。除非周围有大量繁茂绿叶形成对比，否则它们可能会过早地把秋意带入庭院。

将这类日式庭院融入更大的景观庭院中并不困难。虽然篱笆和墙都在其他日式庭院中扮演着重要角色，但散步型庭院通常与景观关系密切，因此用墙将日式区域与庭院其他部分分隔开在此似乎稍显多余。日式庭院的魅力在于它会令人感到这是一处特别的场所，任何外国风格的庭院都因自己的不同之处而显得独特。所以并不需要用一堵墙来强调这是一个特殊的场所。在大庭院中建造完美日式庭院的秘诀在于选址，可以是个隐蔽偏僻、有一片树林的小山谷，再带个神秘的池塘就更好了。用未经雕琢的天然石头制作毒蘑菇形状的灯笼，把它作为这个区域的路标。另一方面，可以在访客意想不到的地方大胆地使用空旷远景，令他们大吃一惊。日本是一个密林国家，有许多湍急的溪流和静谧的山池，而日式庭院想要抓

住的精髓正是其自然环境中的这种特质。

全世界都为日式园艺所着迷，因为它格调静谧，甚至令人觉得有灵性。无论是佛像还是鸟居（由两根柱子支撑横梁和过梁构成，是通往神社的门），单独使用特别的宗教意象很难营造出这种效果。这通常是整个庭院设计效果叠加的结果。在日本人心中，营造灵性效果的关键在于构建神圣空间，而这个空间要与尘世隔绝开来。湖心岛屿可以成为神圣空间；禅境石头庭院，甚至茶庭也都可以成为神圣空间。但这种特殊空间也可以是商业楼宇中央的室内庭院，或位于后院，用篱笆隔开。日本人相信，庭院与外界隔绝有助于人集中意念、增长才智。神圣空间的概念对西方而言也不算特别陌生。欧洲随处可见圣树、圣石和圣井，而神圣空间主要是为了让人敬畏大自然给我们的启发。

鸟居划定了神社所在地的神圣界域。在西方庭院使用鸟居似乎并不合适，哪怕只从庭院比例与和谐的角度来考虑，超大的鸟居也十分需要神社等建筑来平衡它的沉重感，鸟居总归是个门，门总归要通向某处。但不起眼的小鸟居能暗示湖心岛屿的神圣地位，可以尝试用小型家庭神社作为替代。许多传统的日式庭院都带有家庭神社，高约 90cm，正面配有一个小小的朱红色鸟居。但需要再三强调的是，这些神社是用于参拜的，与佛像的作用类似。在日本的古道

上图：使用朴素的大门，用最简单的方孔竹篱围住入口道路，营造山间别墅的格调。碎石、树皮、苔藓、黑沿阶草的对比色彩和对比肌理为这座位于华盛顿的庭院营造出恰到好处的静谧庄严感。

上常常可以看到受人膜拜、得到当地人诚心照料的菩萨石像。

小型庭院：在小型庭院里，既要池又要山可能有点贪心，但有许多替代方法可供选择，它们吸收了各种传统园艺形式。其中一个方法是，将庭院的大部分区域改建成一个大池塘，最好是浅池塘，周围环绕低低的地被植物，比如苔藓或沿阶草属植物，再搭配麦冬或蕨类植物；栽种一些较矮、颜色较少的浆果灌木，比如紫金牛、青木，或更高的柊树；辅以少量精心砍掉低枝的树木。这些树之后会形成美妙的华盖。池畔挤满修剪成圆形的杜鹃花丛，用少许枫树、修剪整齐的松树和岩石进行点缀，也可以再配上个石灯笼，以此营造一种截然不同的风格。如果这块地位于庭院后方，这种种植方式的效果将更为显著，仿佛整片山头全种满了树。

可以尝试在庭院里种植不同高度的植物。低地被植物与大量灌木的对比非常吸引人，比如杜鹃花、竹叶草或光叶石楠（带美丽红色嫩芽的常绿植物），它们一直蔓延至土丘的另一侧。还有一种方式也可以有效营造距离感，就是在山坡另一面种一棵树，这样从房屋只能看到这棵树的一部分，可以让人产生一种错觉——庭院延伸到了看不到的地方。局部隐藏庭院元素的技巧对日式庭院建造而言十分重要，你可以局部隐藏一棵树、一道瀑布或是一樽石灯笼。它

不仅能为小型庭院营造距离感，还能鼓励观赏者发挥想象力。有着"犹抱琵琶半遮面"效果的树木和灌木极具吸引力。如果用太多不同种类的多年生植物和灌木把庭院塞得满满当当，就无法达到这种效果。

坡地上小溪蜿蜒，流向庭院底部，沿途饰有树木。这样的设计会在靠近房屋的地方留下一小片空地，可以用步石、灯笼或岩石进行装饰，也可以用大片蕨类植物、一株八角金盘或矮灌木作为修饰。多年生植物适合种植在小溪旁，比如落新妇属植物，它的浅粉色羽毛与深绿色树叶形成完美对照；又比如槭叶蚊子草，它的羽毛状花团引人入胜。清澈的池塘和洗手钵旁，则可以使用埃文斯秋海棠等精美的下垂花装扮。

日本的传统房屋总是带有一条宽宽的走廊，用糊着米纸的滑动门与隔壁房间隔开。可以在走廊观赏庭院，当滑动门大开时，在室内也能将整个庭院的美景尽收眼底。利用玻璃墙也能达到类似效果，还能减少房屋与庭院之间的屏障感。建造走廊的技巧在于，在高出庭院其他区域的地方建造木制露台或木制平台。为了保证木头构造的房屋在潮湿的夏季通风良好，日本的房屋通常较地表高出一定高度。过去常把一块巨大的石头放在走廊旁，人们可以踏着这块巨石进入庭院。木制台阶的功能与巨石相同。这类走廊还可以作为娱乐空间，而传统日式庭院所缺乏的正是这样的娱乐空间。

上图： 沿着石板路走进去是一家休养所，质朴的木门和简约的竹栅栏营造出一种隐居山间的氛围。沙砾、剥落的树皮、苔藓和黑叶欧麦冬形成了色彩鲜明的纹理对比。很难想象这座建筑位于美国华盛顿布罗德尔保护区，它给人带来一种不拘泥于小节又宁静高雅的感觉。

右图：房间滑动门大开时，山水池泉庭映入眼帘，这座庭院属于岩崎（Iwasa）家族，是古代侍奉京都上贺茂神社的家族之一。

在不对建筑物地基产生危害的情况下，池塘、溪流、小河可以贴近房屋挖掘。日本传统房屋建造时通常离地45cm，因此可以从屋内往外看到整个池塘。

用修剪过的杜鹃、齿叶冬青和岩石填充前景，让目光渐渐落到池面上。庭院背后的池岸陡然升起，岸边巧妙地放置了一块岩石，这样从屋内往外看时岩石与视线水平，营造更深远的空间感。

不同位置的植物

适合在大型庭院后方周边种植的植物：日本金松、日本榧、日本石栎。

首席园艺景观树：赤松、日本五针松、黑松、喙冬青、日本花柏、金松、日本扁柏、紫杉、厚皮香、鸡爪槭、紫薇、梅花。

适合种植在土丘上的园景树：松树、罗汉松、柿树、矮黄日本扁柏、齿叶冬青、全缘冬青、矮紫杉、厚皮香、日本金松、荷花玉兰。

适合搭配园景树或种植在池塘岛屿上的植物：日本五针松、齿叶冬青、矮紫杉、全缘冬青、鸡爪槭。

适合作为园景树林下栽植的植物：常绿杜鹃、朱砂根、大叶黄杨、柊树、草莓树、马醉木、大吴风草。

适合搭配庭院石的植物：一叶兰、阔叶山麦冬、麦冬、玉簪、万年青、蕨类、朱砂根、虎耳草、桔梗、矮紫杉。

适合搭配落叶树的植物：麦冬、猪牙花、蟾蜍百合、大花淫羊藿、一叶兰、银线草、万寿竹、阔叶山麦冬、虾脊兰、日本鸢尾。

适合种植在池畔的垂枝树：松树、罗汉松、圆柏、矮紫杉、垂枝品种的柳树和樱花树。

适合种植在池畔和湖畔的植物：合欢树、鸡爪槭、矮紫杉、落霜红、圆柏、绣球花、多花海棠、卫矛、少花蜡瓣花、小叶三叶杜鹃及其他相似品种、日本紫珠、珍珠绣线菊；"野"花，例如吉祥草、扇脉杓兰、木贼。

适合种植在瀑布前的植物：常青树、鸡爪槭、垂柳。

适合种植在瀑布上方的植物：橡树、丹桂、全缘冬青、常绿植物（不含松柏类）。

适合种植在下游的植物：金钱蒲、马醉木、木贼、枻木、玉蝉花、燕子花。

防止土地侵蚀溪流和池塘的植物：金钱蒲。

适合种植在桥边的植物：垂柳、鸡爪槭。

适合种植在朝南庭院东端的植物：枝叶美貌的常绿植物，例如松树、日本铁杉、日本柳杉、厚皮香。

适合种植在朝南庭院西端的植物：观花灌木、鸡爪槭、樱花、梅花。

适合种植在路堤的植物：圆柏、胡枝子属植物、麻叶绣线菊、杜鹃花、麦冬。

适合在斜坡与树木搭配的植物：竹叶草类型，例如倭竹、山白竹、矮紫杉、绣球花、杜鹃花、秋海棠、蝴蝶花。

适合大量种植的灌木：杜鹃花、山茶花、矮紫杉、粉色绣线菊、胡枝子、绣球花、金丝梅、十大功劳。

适合在露台周围种植的植物：可遮阴的树，例如大型的日本枫树、柿子树、日本栗。

适合装饰庭院前方的灌木和矮树：杜鹃花、吊钟花、落霜红、梅花、南天竹、七里香、少花瑞木、桂花、红花檵木。

适合装饰庭院大门的植物：全绿冬青、厚皮香、银杏。

前页图：11世纪的京都贵族常在庭院的水上建造房间。这座庭院用木质甲板营造了类似的效果，这里是绝佳的水上观赏点。池塘实际上并不很大，但池塘对面的高大灌木加强了视觉效果。

这座庭院位于美国俄勒冈州波特兰市，它将美国本土杉树用作枯山水庭院的背景。用圆形杜鹃修饰边缘。细腻白色碎石耙成水流形态，平坦的岩石强化了将广阔沙地视为湖水的意象。

下页图：位于德国中部巴特朗根萨尔察的日式花园于 2003 年向公众开放。这片枯山水式瀑布景观是传统的园林设计手法。石头的排列带表从山峦间流下的瀑布，一座石桥横跨在瀑布流下汇聚成的河流上。

枯山水庭院

14 世纪就有佛教僧侣参与寺庙庭院的设计，其中包括许多著名禅师，他们用枯石组展示各种各样的禅意概念和佛教意象。早期的庭院设计将石组置于山水庭院的小土丘上。与后期朴实无华的沙石庭院不同，此时期的庭院并不是完全干枯的，它们多有池塘或泉水，并且总是郁郁葱葱的。虽然石头只是象征符号，但看似毫无雕琢的、天然的外观依然重要。

枯石庭院越来越受欢迎，在那些供水不便的寺庙尤为如此。17 世纪，寺庙规章发生改变，面向住持禅室的南院不再举行重要的宗教仪式。这些区域被改造成铺满白沙或原始碎石的枯山水庭院。这种新式庭院有时也种植苔藓、灌木和松树，但没有水景。传统庭院必备的山和水如今以抽象的静态形式呈现——石组构成瀑布，沙绘图案模仿水流。因此，这些庭院成了真正意义上的枯山水庭院。它们与禅宗教派的教义完美契合，因为抽象形态能活跃思维，枯山水庭院能辅助关于时间、来世、无常、永恒的禅修。

枯山水庭院适合坐落于平坦的长方

形区域，通常用篱笆、泥墙或高树篱进行整齐分割（并与外界隔绝），展示永恒不变的意象。和许多其他日式庭院一样，枯山水庭院也散发着超脱凡尘之感，用围墙就可隔绝一切尘嚣。它们被设计成适合从寺庙建筑的房间向外欣赏的形式。没有人能不扫一眼庭院就直接进入屋内。这种结构绝非随意设计而来。庭院浅而宽，面向住持禅室整面最大的墙。当滑动门大开时，就可以从屋内看到庭院全貌，这里是僧人活动的重要场所。设计也使用了树木和灌木，它们被修剪成一模一样的形状。美丽的圆形杜鹃花丛象征圆满，也代表着环绕佛陀的信徒：用一块单独的圆形巨石代表佛陀，即"觉

悟真理者"。

京都大德寺的大仙院拥有最精美的意象岩石庭院。石块排列成枯瀑布的式样，从宏伟山峰的一侧倾泻而下；底部一座石桥横踞在崎岖的峡谷上。用细沙来表示窄窄的山涧，它沿着石头蜿蜒，最终变成宽阔的河流，船帆状的石头漂

浮其上。瀑布的一侧有两块巨石，代表山脊。它们不是日本低缓的山，而是中国宋朝（960—1279）卷轴画中陡峭嶙峋的山。宋朝卷轴画在日本家喻户晓，在禅宗僧人间更是如此，因为对他们来说，书法与绘画不仅是艺术形式，更是重要修行。另外，右侧的石头被看作不

下页图：狭小的空间也可以设计出枯山水庭院，用绿地模仿海岸线和岛屿。使用最少的植物；禅境庭院常种植鸡爪槭、松树和红山紫茎等树木。对更小的庭院而言，观叶植物、蕨类、杜鹃和矮竹都是很好的选择。

动明王，梵语为 Acala，在佛教中代表恶的惩罚者；而左侧的石头则被看作悲天悯人的观音。因为这座寺庙属于佛教中的禅宗教派，所以还有一块较矮的平顶原石，让僧人可以静坐参禅。庭院里还有代表龟和鹤的石组，它们是中国道教的神物。道教在 14—15 世纪随佛教一起传入日本，据说当时有 15 只龟驮着蓬莱仙岛，长生不老的仙人都乘鹤飞向了那里。

大德寺瑞峰院还有来自另一个宗教的意象。瑞峰院由中世纪武将创建而闻名，后来他转信了基督教（由圣方济各·沙勿略在 16 世纪中期传入日

上图：京都龙安寺的庭院或许是最出名又最神秘的禅境枯山水庭院。该庭院建造于 17 世纪，后期一些缺乏想象力的鉴赏家认为庭院设计想表达的意象是虎妈妈保护虎宝宝免受美洲豹的伤害。但到底诠释为何意，则需要每位观赏者自行理解。

本）。其中一座庭院有 17 世纪织部灯笼式样的石灯笼，灯笼箱的凸起处让灯笼看起来很像十字架。半截入土的灯笼座上刻着模糊的人影，据说那是圣母玛利亚。其中一座 20 世纪庭院里有传统意义上被认为代表蓬莱仙岛的石组，那是中国仙人们的仙居；也有人认为那是《马太福音》中基督山上宝训的意象。

许多庭院的象征和符号都越来越少，朴素抽象的设计则越来越多，最终只保留了沙、石和少量苔藓，撤去了其他一切。京都龙安寺是这类寺庙中的典型。龙安寺的庭院宽 12m、长 24m，共有 15 块石头，分为五组排列：一组 5 块，两组 2 块，两组 3 块。虽然是用沙绘图案模仿水景，但如何解读石组景象则完全取决于观赏者。龙安寺的岩石庭院看似简单，实则暗藏玄机，它是根据所有日式庭院最抽象深奥的方式设计出来的。这类庭院的设计风格完全取决于每块石头本身的风格，即石头自身的美与形。

枯山水庭院的设计

枯山水庭院并非必须地势平坦。可以将石组放在沙坪的"岛屿"上，这些"岛屿"由土堆构成，用苔藓或沿阶草属植物填充。大土堆多以龟岛的形态呈现，用倾斜的石块代表乌龟的头与颈，还可以种上一棵圣贤之树——松树，用更多石头来代表河岸。沙海的岛屿不仅可以

用石头来表示，也可以用修剪成圆形的灌木密丛来表示，比如杜鹃花丛和矮紫杉丛。

鹅卵石铺成的溪流或河床让枯山水庭院的地形富于变化。摆放鹅卵石时，让它们像鱼鳞一样略微相互叠加，从而巧妙地暗示出流水意象。应根据色彩和光泽来挑选鹅卵石。扁平的石块可以充当桥，让它们横踞在那些假想的溪流之上。

将密植的竹叶草、齿叶冬青、光叶石楠剪矮，用以代表较大片的土地。野花也可以作为庭院设计，将野花丛种在青苔岛屿上。但小型的日式庭院则更适合种植单一的植物种类。庭院的绿色基调因使用不同质感的植物——比如，湿润的苔藓和革质叶片的山茶花以及用想象力修剪的灌木而显得丰富多姿。

可以用小径巧妙地将庭院分为不同区域。成片的白色碎石与大面积的苔藓或剪矮的竹叶草都能构成泾渭分明的对比效果。但如果区域与区域之间的分界线是弯曲而非平直的，那么不同区域之间看起来就会很和谐。这种设计用于地势高低起伏的庭院效果最佳。矮树和灌木常被用作各类日式庭院的屏障，它们可以遮挡一部分庭院景观。小型的庭院，包括小型的枯山水庭院都可使用低界篱和矮栅栏达到景色若隐若现的效果。

枯山水庭院的地被植物必须与沙地

上图：平整的巨大假山石的使用源自寺庙，后被用于枯山水庭院和茶庭。它们在禅寺庭院中代表完美、圆满的意象，也提醒着人们牢记过去世代的忠诚，以及感知岁月流逝的痕迹。这座庭院位于英国威布里治的银溪，使用了两块巨石，它们平滑的表面与凹凸不平的顶端形成了对比。围绕着巨石，在碎石地面上耙出同心圆，暗示着从宇宙中心传来的宁静感。

或碎石地构成鲜明对比，无论这地被植物是苔藓还是麦冬，是百里香还是甘菊。这意味着，沙或碎石都必须保持清洁，不得沾上泥浊，也不得染上藻类的绿色和黏液。冲洗沙坪并再次把沙坪耙开，是禅寺常规清洁仪式的一部分。无可否认，在炎热地区保持沙坪清洁比在湿冷地区来得简单，但仍需花费大量精力。

枯山水庭院中的植物

听起来似乎有些矛盾，但枯山水庭院并非不需要植物或色彩。灌木和树木种类繁多，只要有充足的雨水，或能保证可按时浇水，山茶花、牡丹、梅花、樱花、紫薇、百两金、芒草等都能保持较好的长势且装点出很好的效果。春季的杜鹃花色彩缤纷，从浅粉色到品红紫色应有尽有，它们为庭院平添了几分活力。挑选一种或几种多年生植物，以丛植方式培育，能营造出特定的季节感，比如烈焰橙色的重瓣萱草或紫色的桔梗。

一以贯之地选择主景植物，它们代表了园艺师对季节的感受，例如，夏季强烈的酷暑或秋季平静的遗憾。

苔藓养护

苔藓总是长在珍贵的草坪里，却从不在园艺师希望它茁壮成长的地方出现。苔藓不喜阳光直射，但喜欢清晨的柔光和斑驳的阴影。除此之外，培植苔藓还需要潮湿的环境。京都春夏两季的傍晚常有阵雨，而最著名的苔藓庭院正在京都。想要在不具备潮湿环境的地区培植苔藓，可以在傍晚给它们浇一点点水。尽量避免直接使用自来水，因为自来水里面含有刺激性的化学物质和矿物质。可以将取得的自来水放置两三天后再使用。尽管苔藓需要潮湿的环境才能

生长，但它却不会长在水分饱满的地上，土壤排水性要好，最好是沙地。苔藓庭院中成荫的树木、竹子、树篱都能挡住让空气变干燥的风。用松针或稻草覆盖苔藓，可以防止它们结霜。这种冬季的防护措施本身也能成为引人入胜的庭院特色。如果没有日本苔藓，爱尔兰苔藓也是很好的替代品。

上图：在这座枯山水庭院中，石桥的一侧伫立着一棵紫薇。日式庭院中常种植紫薇，因为它们有美丽的青棕色躯干和优美的树形，当然还有那可爱的花朵。一棵引人注目的西米棕榈树（苏铁罗左轮）将观赏者的视线引向庭院深处。

适合种植在枯山水庭院和苔藓庭院的其他植物

宽树篱或高型地被植物：小叶栲、红淡比、枠木、杜鹃花、倭竹。

景观树：日本五针松、日本黑松、苏铁、红山紫茎。

高树篱：日本石栎、日本女贞、槭树、滨枠。

野花：春季，日本鸢尾；夏季，萱草、落新妇属、桔梗、蟾蜍百合；秋季，日本银莲花、大吴风草、紫苑、阔叶麦冬、锦灯笼、酸浆。

竹与草：方竹、紫竹、刚竹、金矛属、芒草。

地被植物：麦冬、虎耳草。

灌木：枠木、立花橘、偃柏、胡椒木、山茶、茶梅、樱花、梅花、连翘、日本杜鹃、五叶杜鹃、小叶三叶杜鹃、杜鹃花、四照花、紫薇、胡枝子属。

上图：美国俄勒冈州波特兰市的波特兰日式庭院融合了不同风格的日式庭院特点。日式传统庭院有两个重要元素：下挖的水池和凸起的土丘。而这两种元素也经常被枯山水庭院利用，只不过池塘里没有水而已。

右页图：方方正正的无竿石灯笼是"置形"石灯笼的一种。在一座传统、轮廓分明且种满青苔的日式庭院里，这种搭配非常适宜。

茶庭

日本茶道起源于 15 世纪，是僧人村田珠光在幕府时代最高统治者征夷大将军足利义政（1436—1490）的资助下发起的一种社交娱乐活动。日本茶道是以程式化的方式为客人备茶并与客人品茶的一种仪式。通过不断的传承，日本茶道迅速升级，成为了一种艺术形式。其中最出名的茶道师当属 16 世纪的千利休，他擅于呈现侘寂之美①——糅合了岁月的简单、宁静、孤独和威严的美。动乱的年代，千利休成为织田信长的茶头，经过激烈的思想斗争，千利休决定转而侍奉丰臣秀吉（1537—1598）——结束乱世、统一日本的领袖，这也让他鲜明的个人特色成为日式茶道中不可忽略的重要组成部分。千利休喜欢简单朴素、风雨侵蚀的茶道环境，这对酷爱铺张招摇的丰臣秀吉而言是个直接的挑战——他连出行都带着一套纯金打造的私人茶具。两种风格的碰撞反而成就了侘寂的茶道。千利休根据林间隐士的传统意象设计茶室，用稻草盖起了佛教僧人参悟世界的单居室房间。与千利休有关且唯一幸存至今的建筑是他的茶室，

只有 $1.8m^2$，墙由稻草混合牛粪制作而成。尽管茶室与寺庙的其他建筑都离得很近，但只有穿过庭院才能到达这里。客人需要把剑放在一旁，无论是武士还是商人都并肩而坐，共享茶道与宁静。

庭院是宾客们准备欣赏茶道的重要区域，宾客要从庭院进入茶室或茶屋。庭院的每个设计都有其目的，旨在帮助宾客净化自己的身心，为享受茶做好准备。这类庭院在日语中被称为"roji"，即"通道"庭院。茶庭通常分为两部分：外院和内院，用树篱、篱笆和大门把它们相互隔开。外院通常配有带遮蔽物的长椅，长椅上摆放着圆形梭织坐垫，宾客可在此等候。他们在此稍事休息，碰

---

①编者注：侘寂之美，日本美学文化中的概念，表达的是残缺、朴素、寂静和自然之美。

上图：用美国本土材料替代竹子营造日式效果，简约美国西部风木篱与日式门道相结合（图中庭院位于美国俄勒冈州波特兰市溪木镇）。

面集合，然后再一同问候主人。穿过小门，嘈杂喧嚣的尘世就被留在了身后。因此，有些茶庭的小门只是在泥墙上开个方形的口，宾客需要蹲伏穿过。中门也可以简单朴素，使用粗糙的木材和原木制作，"人"字形屋顶上可铺上茅草或瓦片，甚至什么都不铺。这样的门令人想起森林小屋，都市茶庭在城市里重现森林深处。

巧妙切换外院与内院的基调能让茶庭更赏心悦目。外院的设计可以更加大胆，比如利用大块石头铺设石阶，或使用正六边形春日石灯笼。除此之外，还可以使用对比形状、对比纹理、对比色彩的石头，这样可以比内院的设计更抽象。内院与外院的种植种类也略不相同。内院可以设计成森林的样式，比如栽种松林或枫林。但这并非西方那种自然森林庭院，而是用精挑细选的少量植物来营造庞大宽广的视觉效果。栽种尽可能少的植物种类，来营造出备受喜爱的森林隐居意象。树木、灌木、丛植蕨

左页图：这座庭院由马克·彼得·基恩（Marc Peter Keane）设计，花岗岩板与磨石相结合，打造通往茶屋隐秘入口的小径。略微凸起的平石充当蹬上小走廊的台阶。右侧雪松木桩制成的袖篱遮住了部分茶屋。

左图：一块平整的花岗岩可以成为一把绝佳的座椅，例如放在紫藤下。从图中可看出，石头并没有打磨抛光，但如果是木头，则通常要抛光才能展现出木头美丽的纹理。

类和草丛以看似无序随意的方式相互搭配，既不根据高度排列，也不形成边界或勾勒岛屿形状。用苔藓或麦冬等地被植物即使少量亦可作为森林的下层，铺上步阶石，形成一条环绕灌木和丛植蕨类的小道。绝不要将不同的灌木种在一起。所有类型的日式庭院都应遵从同样的基本设计理念：庭院里每株植物自身的形态都应有其观赏价值，而并非只有从某个角度欣赏才能感受到美。蜿蜒的步石小路有出人意料的视觉效果，也能带来无尽的惊喜。

早期的一些茶道大师也曾大胆地把石头和灯笼放在只有透过茶屋窗子才能看到的位置，但没有刻意把茶庭设计成需要从茶室向外观赏的式样。客人一进入茶室，庭院就和茶室外的世界一起被留在了身后。每块步石的摆放也都精准地配合客人漫步于庭院的步伐，帮助他们调整进入茶道的状态。

茶庭首先是个功能场所。它的本质功能在于将一切准备得当，自然周

左图：图中是京都中心位置的一座经典小型花园庭院，京都狭长的街道上挤满了房屋和商铺。

阳光渗入这座位于一力亭的庭院。一力亭是一间古老的茶屋餐厅，庭院中有一口被竹叶遮蔽的井，还有一间小小的神社。石灯笼让院子更有质感。只栽种能舒缓视觉疲劳的常绿植物。每棵树木、每株灌木的形状都非常讲究。

到地款待宾客，让他们感到宾至如归。可以搭建一座由单块石板构成的小桥，营造森林溪流的意象。低矮的洗手钵令人想起清洌的山泉和溪流，客人需要像在神社和寺庙一样蹲下净手、净口。传统洗手钵多是由天然石头凿刻而成的水盆。从前，有些洗手钵是由寺庙废弃的凿刻石头或残破的石灯笼改造而成的，

人也要在客人来之前用水清洁庭院。传统茶庭内院的"观赏"厕所最能体现这种清洁的理念。"观赏"厕所通常由石和沙建造而成，它并不投入使用，和茶庭的许多部分一样，它的实用性已经被艺术性所取代。

看起来只起装饰作用的东西也并非多余。茶庭大多面积较小，它们充分利

左图：图中这个带有传统洗手钵的庭院位于摩纳哥。铺满卵石的空地中间有一块平坦的岩石，洗手钵就置于岩石边上，这样的意象在日语中称为"海洋"。右侧的岩石用来放一盆热水。加上光悦寺风格的篱笆点缀，让整体环境更加私密。

千利休本人提倡这种行为。在茶道大师开始自行设计石灯笼之前，茶庭常使用来自神社或寺庙的废弃石灯笼。一般较规则的圆形洗手钵根据当时的钱币设计而成，而侧边刻着佛像浮雕的方形洗手钵则令人想起质朴的井口。

品茶前客人要用水清洁自身，而主

用了建筑物周边紧凑局促的空间。对日本庭院主人而言，质朴是美；对茶庭而言，使用简单天然的材质呈现出恰到好处的效果是美。千利休在自然形态中寻找美，比如他选择用来制作步石和洗手钵的那些岩石都具有天然的美。日本有三所千利休的茶道学校，由千利休的子孙开设，

忠实地保留了千利休的茶道传统。

千利休一名弟子的设计风格则与其截然不同。古田重燃（古田织部）（1544—1615）及其弟子科伯里·恩舒（1579—1647）希望把观赏者的注意力引向庭院的艺术方面，而非一味地呈现自然。古田重燃发展出了不同于千利休的风格，刻意在庭院中使用人造物，他试图令观赏者感到吃惊、意外，让庭院的人为因素成为焦点。古田重燃公然挑战传统习俗，让石灯笼略微倾斜，这样的设计在地震多发的日本很危险。他甚至将高耸的枯木移植到庭院，并放在令人无法忽略的地方。古田重燃与恩舒都尝试使用几何形设计，用雕琢过的石头建造园路，而非像千利休一样只使用未经雕琢的天然石头。甚至在使用天然石头的时候，古田重燃都要刻意寻找带着完美裂缝的大岩石，认为这样才能给人以人工切割之感。如果说千利休的风格是奋力地把一切本身就引人注目的东西丢出庭院，而古田重燃和恩舒则是尽力地强调设计感而非实用性。

古田重燃的茶道学派与一种特殊的石灯笼设计有关，直到如今，这种石灯笼依然以他的名字命名。早期的茶道大师使用的都是来自老旧寺庙和神社的废弃祈福灯笼，但织部灯笼废除了基座，直接插入地里。织部灯笼的灯室下方有着独特的圆形凸面，这也与传统灯笼大不相同。许多历史学家认为，早期的织部灯笼石竿上雕刻的人物与基督教有关，是由皈依基督教的日本人刻上去的。在1612年基督教在日本被禁的时期，基督教徒就向这些带模糊十字架轮廓的石灯笼祈祷。虽然古田重燃从未将自己的风格进行定位，但他的弟子给他归了类，主要是为了创立属于他们自己的风格，以便与其他流派风格区别开来，以争夺更多学生和追随者。

严格说来，只有为了茶道而设计的"通道"才是茶庭。换句话说，无论一座庭院多么简朴，只要它的功能是让宾客在此静候品茶仪式，它就是茶庭。即便你不是茶道大师，也能在茶庭里感受到独特的园艺设计理念：茶庭并没有惊心动魄的景观，它像是一系列不断改变的静态画面，无法一次看完，需要一步一步地边走边看。茶庭也是一个的封闭空间，高树篱、传统泥墙、密竹围篱、竹子与雪松树皮做成的围篱将茶庭与外界隔开。从这个意义上来说，小巧紧凑的茶庭浓缩了大型散步型庭院的乐趣，但二者的不同之处在于，茶庭的唯一目的是将宾客引向特定之处，无论是绿廊、凉亭，还是避暑别墅，绝不能让宾客的期待落空。

茶庭的设计

设计茶庭时需要谨记，要让客人慢慢观赏茶庭。进入庭院的大门需要精心布置，巧妙地用植物围绕大门，这样才能达到从入口处无法看到庭院全貌的最终目的地——茶屋。庭院应该保留一些神秘感。举个例子，绝不能让坐在外院长椅上的宾客偷瞄到主人在隔壁忙碌至最后一刻的身影，这会破坏所有的期待和氛围。洗手钵不能在醒目的位置，避免让客人产生催促净手之感，该略微隐藏在绿色植物的后面，或用短围篱隔开。隔断庭院中的各个区域，让宾客能充分游览庭院的每个角落。许多著名茶庭都有数条小径通往庭院中被树篱和竹篱分隔开来的不同区域。设计茶庭的秘诀在于充分利用丰富的元素，且不显得杂乱无章。而挑战则在于如何让盈尺之地显得宽广。

碎石、小径、植物

当设计茶庭时，摒弃把庭院看作灌木和多年生植物的温床的理念。除了栅栏和树篱，还可以用碎石和地被植物来对庭院区域进行划分。例如科伯里·恩舒用五彩缤纷的鹅卵石覆盖庭院的广阔区域，其余地方则让地面裸露或覆满苔藓，还可种一些梅花、鸡爪槭、松树等。恩舒大胆地让石阶穿过内院与外院，小径也有分割庭院空间的效果，但难点在于如何让它们与庭院的整体设计融为一体。宽路可以起到将庭院一分为二的效果，但大多数类型的日式庭院都尽量避免这样的设计，除非这条路通往一扇规格正式的门。另一方面，石阶有助于将

碎石区与苔藓区完美融合。此外，与草坪不同，种植地被植物时可以栽种不同的种类，可以成片种植麦冬，也可以用麦冬混搭成簇的蕨类植物。但如果之前的地被植物是草坪草，则混合种植会比较困难。

茶庭与其他类型的日式庭院不同，假山、瀑布、正式排列石组并非茶庭中的主要角色。相反，植物才是营造茶庭格调的决定性因素。茶庭的空间极其宝贵，密集种植并不可行，应该精挑细选一些形状特定的景观树或灌木来呈现某种效果。虽然杜鹃花之类的灌木可以修剪成整洁圆润的球体，但大多数植物还是凭借天然的优雅形态入选。因此，修剪主要是为了让植物更整齐，可以剪掉交叉、拥挤、虚弱的枝丫。日式庭院美在自然，自然的形态、自然的色彩、自然的肌理。抽象的意境在禅境枯山水庭院中尤为重要，它可以起到辅助参禅的作用；但在茶庭中它的重要性就大大降低了。正如我们所见，每个人都有不同的设计风格，每个茶道流派也都有了自己珍贵的传统，但这些规则应该起到引导作用，而非扼杀想象力。

传统观念中，茶庭种植的植物是用来满足茶道需求的。植物通常被用来控制渗入静谧茶室的光线。光线太亮容易让人分心，很可能令人感到不适。但阴郁、潮湿的房间也会让人不愉快。对于冬季日照较弱的地区，可以在茶室旁边栽种

落叶树，而非传统的常青树，这样光线在寒冷的冬日才能照入室内。日本人偏爱常青树营造的私密感，尤其是松柏类。千利休也推崇这样的理念，他抛弃了庭院中所有可能与茶庭里的花争夺注意力的东西。据说，千利休在夏日亲自拔掉了一整片牵牛花，只为向家主丰臣秀吉展示最完美的那一朵。

古田重燃和恩舒的设计让茶庭更加丰富多变，虽然他们也很少使用开花结果的树木和灌木。人们至今都认为，长着白色或淡紫色小花的灌木最适合温柔雅致的茶庭，包括优雅的绣球花和满天星。金缕梅树形讨喜，在冬末还会开出黄色或橙色的优美带状花朵。与叶片形状各异、色彩各异的鸡爪槭一样，金缕梅也能预示秋季的来临。千利休曾在客人来访前花费数小时打扫茶庭，但他会将所有他认为应该留下的亮色落叶留在原位。而古田重燃只钟爱红色的干松针，他将它们散落在树木周围，无论这些树是不是松柏。恩舒更进一步，用松针在苔藓上营造漂流的形态。

樱花、梅花、山茶花的花瓣通常都可以留在它们落下的地方，因为它们落下时仍保持着优美的姿态，而且它们美

丽的颜色能遮蔽苔藓。然而，樱花和山茶花不常种在茶庭，因为它们过于显眼。避免使用花朵颜色刺目的灌木也是一种传统。还要避免使用罕见或令人好奇的植物，因为它们本身过于引人注意。也要避免使用栀子花等香气太强的花朵。茶庭很窄，因此也不适合种植任何生命力太强或太茂盛的植物，它们生长得太迅速，很快就会超出适当范围，增加修剪工作，例如要注意修剪挡住园路的枝丫。可以在步石之间培植苔藓，这样宾客不会不慎滑入湿漉漉的草叶里。

如果空间有限，可以通过减少林下植株的数量来营造空间感，也可以选择在园景树下种植较矮的地被植物，例如苔藓和麦冬。玉簪花、大吴风草、一叶兰都有着非常具有艺术性的叶片，在不密集种植、不被其他植物遮挡的情况下十分惊艳。种植它们以及交让木和三菱果树参等灌木时，需要借鉴种植园景树的方法——给每株植物腾出单独的观赏空间。为了突出大树的高度，可以剪掉较低的枝丫。

当然，在访客沿着小径散步时，需要有适当的地方让他们驻足，比如大门、长椅，或铺一块比其他石头都大的垫脚石。洗手钵和茶屋真正的门也是茶庭的亮点，宾客可以穿过这个门回到主庭院。这些驻足点都应该是庭院的主要观赏点。设计时一定要谨记庭院的重要特征。有时也将园景树种在门边，供宾客离开庭院时观赏，例如日本榁、全缘冬青、厚皮香、银杏树。在茶屋后方种一棵大松树也是一大传统，可以越过茶屋屋顶看到它，为庭院增添层次感。

适合种植在茶庭的植物

树篱：红淡比、枹木。

观花灌木：日本吊钟花、圆锥绣球、厚叶石斑木、五叶杜鹃、野茉莉。

适合种植在石盆周边的植物：南天竺、日本马醉木、枹木、青木、蕨类植物、马尾草、木贼。

适合种植在石灯笼后方或附近的植物：修剪松树、小叶栲、齿叶冬青、全缘冬青、合花楸、厚皮香、日本榁。

野花：虎耳草、拔契万寿竹、黄精、桔梗、蟾蜍百合。

左页图：图中的洗手钵位于美国俄勒冈州一个开放的日式花园里。周围设有常见的岩石石组，右边有修剪过的瑞士山松，而稍矮一些的日本枫树为整个布局营造出了层次感。修剪整齐的树篱和前景的岩石，体现了一种微妙的地域风格。

坪庭

传统上，山水池泉庭、枯山水庭院和茶庭被称作日式庭院的三大分支。京都是日式园艺的核心城市，但事实上，从过去到现在，商人和工匠的房屋、商铺、旅店、餐厅等这些构成京都的核心建筑，它们内部空间都十分有限，这些建筑呈长条形，只有一两间房面向街道。

在穿过迷宫般连续的房间时，你会看到小小的方形坪庭——被房间和走廊围住的绿植天井。

这种小小的坪庭在日语中叫作"tsubo-niwa"，坪是日本计算面积使用的基本单位，1 坪约等于 3.3 平方米。坪庭的私密性很强，这意味着必须走近

右图：这间小小的矩形庭院位于日本京都。观赏者可以坐在屋内的软垫上欣赏庭院景色。洗手钵和水舀暗示出了主人好客。木条状栅栏遮住了庭院左边角落，这种篱笆可以让人透过间隙看到被遮挡的景物，隐约可见的风景为庭院营造出一种深远的错觉。

上图：木质的抬高走廊可以方便观赏者看到美丽的日本海棠和青木枫。池塘的浅水端铺有鹅卵石，岩石间种着芦苇和鸢尾等植物。清澈的水中映出了枫树美丽的倒影。

观赏，通常在从一间房走向另一间房的时候可以看到。

如果庭院的四面都朝向房间和走廊，就必须将庭院设计成从各个角度都能欣赏的式样。坪庭通常非常阴凉。虽然这些微型庭院身处户外，有雨水滋润，但在京都的楼宇密集区，它们无法得到足够的阳光照射。通常情况下，这类庭院适合培植所有日式庭院都喜爱的植物，如苔藓。苔藓无法茂盛生长的地方，可以用麦冬替代。其他喜阴植物，例如青木和八角金盘多用于衬托长苔藓的石灯笼或石造洗手钵等。虽然石灯笼偶尔被点亮用于照明，美貌的步石也常被用于微型庭院，但其观赏性远大于实用性。必须承认，这类庭院看起来有些阴郁，尤其是当它们种满常绿植物的时候。但腐叶土的轻霉味与传统房屋的木香自然融合的气味成为了日本的特色。现代商业化建筑和市政建筑大多使用玻璃建造，比起木头、板条和传统日本城市建筑的瓦屋顶，玻璃让坪庭显得更通透。如果这个坪庭不是石组建造的完全枯山水庭院，而是个种有竹子之类的简单庭院，那么可以通过使用细砾石来提亮封闭的坪庭。细砾石可以耙成特定的图案。京都皇居也有类似的庭院，每座庭院都铺满了整洁的白色砾石，院里可种植紫藤、竹子或灌木胡枝子中的一种。

设计微型坪庭与设计其他类型的庭院一样，必须谨记观赏庭院的方向和方

左页图：有时，石灯笼被放在池或湖的对岸，以此来吸引注意力。大池塘需要搭配大型春日石灯笼，而非小巧的织部石灯笼。织部石灯笼很适合保罗·弗莱明（Paul Fleming）设计的小型坪庭。广阔的山水池泉庭可以在石灯笼的位置布置一组岩石来代表瀑布。

上图：图中庭院使用了高型洗手钵，如果在室内房间表演茶道，就可以站在缘侧上直接使用这个洗手钵。日本流行将木贼种在洗手钵旁边。该庭院由马克·彼得·基恩（Marc Peter Keane）设计，他是一名美国庭院设计师兼作家，现在在日本京都生活及工作。

左图：该庭院由马克·彼得·基恩（Marc Peter Keane）设计，融合了西式风格的天井与水景。向外延伸的屋檐形成藤架，植物爬满藤蔓。木通和那藤都是适合攀爬藤架的结实型藤蔓植物。

式。任何地方都可能成为观赏点。由于日本房屋常高出地面一截，因此在房屋里观赏高耸的石头，不如直接坐在走廊上观赏更令人震撼。另外，如果从站立角度观赏微型庭院，可以在白色砾石上

放置一块平整的石头，视觉效果极佳。阔叶麦冬是相当低矮的地被植物，它们叶片优雅，穗状花序呈浅色。从上方或较高处俯瞰时，它们毫不起眼。竹制围篱或其他类型的枝叶甚至树皮制成的围篱，都可以用来分隔庭院的区域，在最

小的庭院同样适用。这些矮篱并不能扩大庭院，它们扮演着朴素屏风的角色，但它们可以让门廊更隐蔽，还能为最小的庭院增添神秘和惊喜，而这些一直都是日式庭院设计的重要元素。枫树和金缕梅等树枝优美的树木能将宾客目光吸引到水平位置。可以将它们种植在纤细型树木的旁边形成对比，例如精心修剪的小松树旁。可以利用竹子和松树等纤长的植物来强调高度，剪掉低矮枝丫且不与林下植栽挤成一团时，效果尤为显著。同时使用高矮不一的植物，能为微型庭院营造立体宽敞的空间感。

耐阴的瑞香，如金边瑞香能把微型坪庭变为充满早春气息的天井。日式庭院没有淡季，它们终年都在全方位地展示自己。正因如此，常绿植物扮演着相当重要的角色。绿色无疑是称霸日式庭院的色彩。一觉醒来，看到青木结霜的树叶和石灯笼上的积雪，能令人感受到冬季的愉悦。这体现了设计时的初始选择和丰富成分的重要性。春夏两季，草本植物并没有对传统日式庭院的外观和格调造成重大改变，但是设计时仍然应该根据植物的全年特征进行挑选，比如每片叶子的形状，每条枝丫所展示的美感，植物的整体形状，这对私密的封闭庭院而言尤为重要。如果因为面积小而忽略对坪庭的设计则十分可惜，它会一直提醒我们甚至斥责我们，仿佛总是面对开着门的杂乱橱柜。

下图：坪庭中的石灯笼通常设在水边。

坪庭可以参考其他任意类型传统庭院的设计。可以用苔藓和白色砾石来代表海洋中的岛屿，用苔藓环绕岩石或某株灌木。也可以在最朴素抽象的禅境庭院中用沙石建造一个坪庭，而不种植任何植物。还可以用鹅卵石模拟蜿蜒的小溪，用迷你石灯笼象征从水中凸起的海岬。而石造洗手钵旁的石灯笼则体现了茶庭的优雅贴心。

这是庭院类型中最随意的一种，不受限于老房子内部的设计。这类迷你庭院能利用房屋周边狭窄拥挤的空间。可以将落地窗外的空间打造成一个最小最窄的庭院。用石灯笼、洗手钵或岩石进行装饰，辅以耙好的白色砾石、麦冬或一株南天竺。至于被高篱或高墙包围的狭长都市后院，可以充分利用它自带的私密性。这种庭院可以分为两部分，用透孔编织的矮竹篱随意隔开，庭院的外部区域适合种植各类植物，内部区域则是私室，只有石灯笼和洗手钵或一池水，是一处毫不拥堵的庇护所，也是放空、沉思、寻求平和的宁静场所。

植物

与茶庭一样，在气候温暖的地区，主人可以在客人到达之前为坪庭洒水。

这样一来，植物和石头看着不会干燥积灰，而是显得凉爽、清新、诱人。

应该将长了两三年以上的竹条修剪至地面高度。春季或秋季会长出新竹笋，而冬季则会长出各类方竹属的新冬笋。嫩枝长出前一个月可以移植竹子。移植时，要保持竹子根部的湿润。竹子常以三根、五根或七根为一群种植，三、五、七是日本的吉利数字。

竹子很少搭配艳丽的观花灌木。它们搭配日本鸢尾和蕨类植物效果都很好，比如荚果蕨。其他植物多用作竹子的林下栽种，包括百两金、紫金牛、富贵草、虾脊兰。

适合种植在坪庭的传统植物

园景植物：芭蕉、苏铁、八角金盘。

林下栽植：日本鸢尾、阔叶麦冬、麦冬。

地被植物：麦冬、赤竹属、紫金牛。

适合种植在花盆边的野花：木贼、紫金牛、虎耳草、万年青。

适合种植在枯山水庭院的植物：獐耳细辛属、荚果蕨、龙胆草、卷柏、万年青、桔梗、吉祥草、紫背金盘、白芨、蟾蜍百合、紫金牛、鸭跖草、耧斗菜属、酸浆、泽兰。

左图：带连级跌水的巨石组合装点通往坪庭的门道。滑动玻璃门环绕坪庭，它能保证庭院的亮度，防止庭院中央的布景给人以压迫感。植物需要一定时间才能长到适合的形状和大小，才能成为设计中的重要部分。

第 二 章

日式庭院组成元素

　　在创造某种宁静和谐的风景时，日式庭院的组成元素都发挥着自身的作用。尽管人们一开始会被严苛的植物修剪标准和抽象的石组所迷惑，但日本人始终为各式各样的日式庭院风格贴着"自然"的标签。每个庭院都以自己独特的方式展现着自然的宁静、平和与美丽。

植物

右图：这种修剪的整整齐齐的松树常搭配齿叶冬青。这种形状是日本灌木修剪最热门的主题之一。这棵松树位于波默罗伊夫人（Mrs Pomeroy）在美国加利福尼亚的庭院。

前页图：秋末突如其来的寒冷天气为鸡爪槭染上了最美的色彩，美得令人惊叹。红叶鸡爪槭是最可靠也最热门的秋季红叶枫树之一。枫叶落下后，让它们在地面上停留一段时间，它们能赋予地面变幻的色彩。日本樱花树的花瓣也能起到同样的装饰作用。

西式庭院和传统日式庭院有一处细微差异，尽管这点不常被指出，但它绝对是二者本质上的不同点：日本人不将灌木和常绿植物种在大型花盆或花箱中。日式庭院里很少能看到西式庭院常见的容器，西式庭院中精心修剪的大片草坪与草本植物边界与容器的狂放肌理和色彩形成了巨大对比。日式庭院营造出了繁茂感，但并没有真正栽种数量繁多的植物。单棵的树木或灌木布局精巧，这样可以通过它们来营造出灌木丛或森林的错觉。每株植物的形状决定了它是否能被选入庭院，因此，修剪植物成了重要任务。而修剪的原则就是通过精心设计和砍掉过密的树枝，来展现植物与生俱来的形态。

对所有灌木和树木而言，清理细小枯木、剪去过密树枝、修剪朝下生长及无花的长枝十分重要。如果是嫁接植物，那么植物的根部可能会长出细芽，它会消耗植物的养分，也应该除掉。

为植物造型

日式庭院中灌木和树木的修剪严苛程度或许超过了大多数人的接受范围。但修剪后的植物在所有日式庭院设计中占据重要地位，它们弯曲圆滑的轮廓为日式庭院增添韵律和动感。

为植物造型的基本理念是保持和尊重植物本来的形状。许多树都向我们暗示了它们自身的形状。比如圆锥形的松柏，例如日本花柏、日本金松、圆柏。这类树几乎不需要任何修剪，就能保持形状。三菱果树参和交让木都是理想的常绿植物，优美的形状让它们大受欢迎。鸡爪槭、金缕梅以及落叶杜鹃花，例如五叶杜鹃、小叶三叶杜鹃、日本杜鹃都

有着天然精美的枝干；茶梅、红山紫茎和较小的日本紫茎则不用任何辅助就能长成圆柱形。所有不喜欢的植物部位都可以进行修剪，只需要最低程度的养护即可：清除枯死、细小、生病的枝干，让新的枝干得以与树木和灌木共同生长。

购买树木和灌木的时候，重点在于挑选有潜力长成庭院所需形状的幼株。例如瑞香树苗，这种树苗很长，很难修剪成球形。全缘冬青、柊树和紫杉的一些树苗适合培植成浓密圆顶形；而其他同样种类的幼株则有着粗壮的树干，这

上图：在日本，修剪后的树木和灌木通常用于打造林区，创建一种自然的秩序感。图中的伞状日本紫杉与相邻石灯笼的形状相互呼应。

日式树木造型艺术

1 庭院中的竹子通常需要剪掉低枝来强调高度。竹子均匀种植在庭院各处时，竹叶形成了遮阴的天蓬，日本常栽种唐竹。种在大花盆里的园景竹可以保留一些低枝，但需要间距均匀。

2 用结实的竹竿支撑树木，帮助松树塑造弯曲的树干。这种方式也可用于为松树、紫杉、齿叶冬青的粗大枝干塑形。如果想要打造分散式树形，可以用绳子把树木的枝干下拉，绳子的另一端再绑到树干上。砍掉沿着枝干下方生长的所有树枝，这样就能打造出枝干顶部隆起圆形树叶堆的造型。

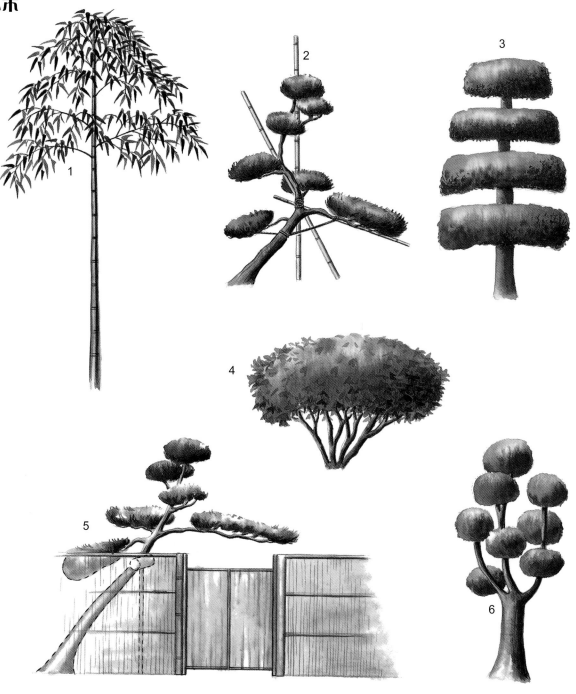

3 层层叠叠的造型最适合厚皮香。日本柳杉也可以采用这种造型方式。

4 吊钟花和较高半常绿杜鹃的大部分叶片终会凋零。清除低部位主要枝干长出的小枝和弱枝，将枝繁叶茂的顶部修剪成圆形或扇形。鸡爪槭的矮化品种也适合修剪成扇形。

5 让松树的一条枝干越过大门。这类造型适合房屋附近最正式的区域，常用于正门处。

6 有些树木能从主干中长出笔直向上的枝干，例如东北红豆杉、罗汉松、一些鸡爪槭和橡树等。与松树的造型方式一样，为了在枝干顶端处打造整洁圆润的树叶丛，需要清除从侧边或下方长出的所有树枝。

左图：这种绒球修剪风格常用于修剪日本黄杨、冬青和东北红豆杉。

右图：松树可通过修剪来适应庭院的面积。图中展示的是一棵通过合理修剪而让所有细枝向上生长的特色、健康束状针簇松树。此类松树已无需竹竿来支撑主枝干。

左图：用竹竿和染色黑麻绳为日本白松造型，这些辅助物本身已成为装饰元素。

右图：对传统日式庭院而言，厚皮香是不可或缺的元素。本图拍摄于日本高松市的栗林公园，图中的厚皮香采用传统修剪法，彻底清除了旁枝，让树木显得轻快通透。前景的竹篱为方孔篱，常用两根一组的竖直竹竿建造，而非一根竹竿。

使它们成为需要精心修剪造型的对象。

齿叶冬青、罗汉松、厚皮香和山茶花都可以修剪成漂亮的圆顶形。齿叶冬青、矮紫杉和半常绿的杜鹃花也都是理想的树篱植物。这些低矮灌木通常修剪成整洁的球形，它们在日式庭院的作用十分重要，因为它们让高挑纤长的树显

此不予使用；有些人认为它们造型奇特，愿意学习培植它们的技能。直至今日，尽管日本的时尚趋势仍在不断发生着变化，但在日本国内的庭院和知名寺庙园林里依然能看见这些精心培植的常绿植物。

每棵松树的枝丫都大幅减少，枝干上的针叶像湿雪一样聚在一起。枝干下方没有针叶，树干和枝干的流畅线条清晰可见——这也是日本人热爱吉野樱的原因，吉野樱密密麻麻的粉白色花朵，像云一样漂浮在树叶落尽的黑色弯枝上。全缘冬青、厚皮香、柊树、罗汉柏都属于正直向上生长的植物，因此也需要精心修剪。最适合进行修剪的季节是仲夏。用干净的铁锹在树木周围挖出宽圆形，切断树木的毛细根部。同时，沿着笔直的主干清理侧枝（如果树木太高，可以忽略这步），为强壮健康、位置好的枝干腾出空间。将它们修剪至离主干60～90cm，这样才能让茂盛的新枝叶长在树枝顶端。可以用抗菌剂和蜡来保护树木裸露的伤口。待新枝生长3年后，每年夏天将其修剪成整洁的圆形。圆形树木造型多用于生命力强大的树木，它们容易生长在庭院特定空间之外的地方。齿叶冬青、罗汉松、矮紫杉也适合采用这种树木造型方式进行修剪。它们的适应力很强，因此可以把适用于松树的技术用于它们，将它们的主干培植成弯曲的弧形。这样的树木造型在日本是一门艺术，应由专业园艺师操作，但谁

得"稳定"。低矮灌木多种植在庭院，暗示出经饱经风霜的圆形石头意象：石头象征了自然的恒久、沧桑与和谐。

日式庭院所有造型的植物中，最令人称奇的准是修剪过的松树和紫杉，它们看起来就像巨型盆景。在19世纪的西方，人们对待这些修剪过的植物意见有所分歧：有些人认为它们奇形怪状，因

下页图：龙安寺的另一条狭长花坛种着高低不一的树木。通过控制树木数量和精心修剪造型营造出森林的效果。冬青卫矛等灌木点缀其间，既能填充空隙又不过于抢眼。

也无法阻止热爱尝试的业余爱好者进行尝试。

树木生长大约 5 年后开始呈现出自己的形状，但仍需要 15 至 20 年才能长成最终形态。应该在植物达到期望的高度和尺寸之后再进行修剪。在最终布置的地点需要再种上至少一年，寻找最适合的入地角度，让主干塑形更简单。基本拱形应该位于树的下半截。用牢固的藤条支撑拱形树干的上半部分，并用另一根藤条让它保持在固定位置。树干的弧形处能长出完好健全的枝干，可以让这根枝干长得比其他侧枝更长。还有一条反方向生长的短侧枝，它能调和树木最长枝干的视觉效果。可以减少枝条的整体数量，以此保持主干各部位空间的均衡，保证树枝指向各个方向。将树枝略微向下弯曲，塑造更开放的形状，并用竹竿进行支撑，用绳子把竹竿固定在主干上。剪掉枝干下方的细枝。可以在冬末和春初之间修剪，但松树则应该在树木的新芽发芽前修剪。

这类日式树木造型艺术的重点在于通过不对称来营造平衡感。需要找到树干的垂直重心与树枝的水平重心之间的平衡点。这类树木造型艺术在日式庭院设计中用途广泛。单株园景松树（无论是日本黑松还是赤松）常以某个角度种在庭院主门旁，将其中一条枝干培育成拱门的形状。松树也可以培植成悬垂在池畔和湖畔的样子，这样它们的枝叶能

倒映在水面上，供游客欣赏。

毫无疑问，松树也要经过精心修剪才能保持优雅的形状。整个修剪过程包含两个阶段。春季中期，将每条枝干的新芽数量减少至剩两三个。摘掉虚弱的和过于强壮的新芽：赤松和日本五针松的新芽数量应减少四分之一至三分之一；而黑松的新芽则要减少一半以上。秋季，从底部至顶端用双手温柔地摩擦每条枝干，以此剥去老化的松针。保留枝干末端长至 7cm 左右的松针，它们可能是当年的新叶。如果春季没有修剪新芽，那么这个过程就显得尤为必要。如果希望树木继续生长，简单修剪足矣。

树木和灌木的布置

17 世纪法国子爵城堡和凡尔赛城堡用修剪成球形、金字塔形和方尖碑形的紫杉来营造对称之美。与之相对，日式庭院则强调不对称之美，从灌木修剪就能看出这点，树木和灌木的布局同样采用不对称设计。日本园艺师偏爱使用奇数植物，而非偶数植物。以三棵树木或三株灌木为基本单位，可以再加一对植物将它们扩充至五棵。七棵植物是五棵加两棵的组合，九棵植物则是三组三棵的组合，等等。

主要的三棵植物应为不同高度、不同形状、不同肌理的植物，这样才能让整组植物看起来丰富多变。用落叶树木或落叶灌木搭配常绿植物，让庭院全年

都有看点。可以从选择整个种植计划的核心树木入手。根据这棵核心树木的习性，思考它适合搭配哪些树木或灌木，用它们来平衡核心树木的特殊感——比如它倾向某个特定方向，或它的枝干形成的整体形状。组里最矮的植物起到沉淀整体视觉效果的作用。

松树或齿叶冬青等针叶树搭配鸡爪槭是很经典的组合，再添上一株低矮茂盛的常绿植物，例如立花橘或红淡比，让整体效果更稳定。也可以将松树和枫树种在少花蜡瓣花等落叶灌木旁边，让更多阳光照入庭院。将一株高高的全开山茶花作为整组植物的焦点，可以搭配修剪成球形的常绿植物，例如齿叶冬青和东京杜鹃等浅绿色植物。杜鹃花或许

上图：位于美国波特兰的一座日式庭院中，修剪过的松树在白色砾石的映衬下十分美丽。

是日式庭院最百搭多用的植物，它们不仅可以独立修剪，还可以形成成片的杜鹃花丛，或作为低低窄窄的树篱，用于区别或分隔庭院间的区域。枫树、东京杜鹃和马醉木等热门植物，都可以用厚皮香或交让木等常绿植物来填充空间。

为了让树木和灌木组成的植物群更有层次感，这三株核心植物也可以布置成不等边三角形的式样，也就是每条边长度各不相同的三角形。由于植物高低不同，因此都不会被完全遮住。规划好之后进行栽种，这样在它们长到预期尺寸之后（需要约三年时间），从庭院的最佳观赏点望去就会形成一个三角形。

将不同植物群相结合的时候，也要牢记不等边三角形是基本形状。规划植物布局的时候，应将每组植物群的核心树木看作三角形的一个顶点。

在选择树木和灌木的时候，对如何搭配并没有硬性规定。许多最热门的日本植物都偏爱酸性土壤，例如杜鹃花、山茶花和鸡爪槭。如果庭院土壤碱性较强，最好能先改善土壤的酸碱度。请注意，植物更需要雨水而非含有各种矿物质的水。

日本庭院倾向于控制单个庭院中不同植物数量。松柏和常绿植物带来绿色锦缎般的背景，每季的一两种应季植物为它们添加一抹色彩，例如冬末的金缕梅、山茶花、瑞香；春天的吊钟花、紫藤、杜鹃花；夏季的四照花、紫薇、红山紫茎；秋季的枫树；冬季枫树的红色果实。大型庭院可以用高高的圆柱形松柏丛，例如冷杉来分开低矮圆润的常绿植物和落叶树。

上图：日本最大的散步型庭院之一，位于修学院离宫，创建于 17 世纪中期。

右图：针叶树，如日本
扁柏和日本柳杉的柱状
树干有助于勾勒出远处
的风景。在前景处的地
面上，星花木兰的花瓣
提高了场景的亮度，如
同一条落在院中的柔滑
白丝带。

石

石头在日式庭院中占据极其重要的地位，对圣石的崇敬可以追溯到庭院设计最早的时代。根据石头的色彩、纹理，以及它们被自然侵蚀的方式来选择适合庭院风格的石头。无论是经历过火山活动留下的累累伤痕，还是被海浪不断冲刷后的平滑光洁，石头的魅力主要在于它们能令人感受到某种意象、引发某些思考的力量。与18世纪英式巨型景观庭院的种树理念相同，日式庭院在规划石头布局时也需要考虑到时间流逝会产生的影响，例如石头覆满苔藓后会是什么样子。

石头的形状与类型

石头的形状有许多种基本分类，用途各不相同。其中最重要的当属高耸的立石。除此之外，还有横向宽石（相对扁平、不对称、顶部呈阶梯形状）、非常低矮的扁平石头、圆石、低丘形状的石头和倾斜的石头。最后两种主要用于暗示地球的地质正在发生变化。平滑低丘状的石头令人感悟到侵蚀的力量，而略微倾斜的石头则仿佛刚从地底升起。

日本由一连串火山岛组成，因此火

山岩最为常见，例如安山岩、花岗岩、绿泥石、玄武岩，石灰华也很常见。也可以根据地域来给石头分类——山、河、山谷或海岸，来自不同地域的石头被侵蚀的方式也各不相同。

石头的选择

在全世界范围内，从野生环境采集植物或捕捉动物都要遵循严格的准则。从自然环境中获取石头等无生命物体时也是如此，必须核准石头的来源。如今，虽然日本全国都严格地控制着天然河石开采，但庭院和建筑对河石的需求依然很大。日本人始终认为天然的石头比采

石场的石头更宝贵，因此如果不针对采集天然石头设立一系列规定，将会引发严重的环境问题。在自然环境中挑选石头前，一定要了解法律法规后合法采石。

尽量选择外观不太方正的石头，这样的石头看起来不像建筑材料。避开边缘锋利和直角形状的石头——它们看起来既扁平又粗犷。有的石头充满活力动感，有些石头则精美优雅，这些不同的特质都很讨人喜欢。寻找轮廓、表面、色彩特征鲜明的石头，例如层次清晰分明、散发着历史感和时代感的石头。石灰华是一种在矿床里才能找到的多孔石头，它有着独特的纹理与表面，但它在西方已经流行了好几个世纪，数量正在不断减少。许多石灰岩区即将消失，因此绝对不能开发采集石灰岩，除非确定它是很早以前开采出来的二手石头。有时也能找到风雨侵蚀的二手板岩。

下页图：日式庭院将人造元素与自然元素相结合，努力营造与自然相融之感。在特里·韦尔奇（Terry Welch）设计的这座庭院中，木板门与天然松柏的美丽相结合，天然优雅的杉树与精心修剪的松树间的对比突显了人类创意的力量与局限。

石头的布置

将石头布置成仿佛本来就属于那片风景的样子是非常重要的。比如，把石头摆成深埋地底的巨大物体露出的尖顶，这样的造型相当有趣。因此，石头经常被布置成巨物破地而出的样子。从地里隆起的石头灵感来自温柔的日本山峰。不要使用立不稳的石头，不稳定的石头用这种方法摆放时，即使在水平地面上也会容易倾倒。

如果某块石头有污点、利角或形状不太好，可以将它与其他石头进行组合，或搭配低矮的贴地灌木，掩盖它的瑕疵。然而，只要一个区域没有过于密集的石头，石头总会是焦点。与一组小石头相比，建议选择数量更少、体积更大的石头组。除此之外，也可以只让石头的亮点部分露出地面。将单块石头放置于人造土丘顶部，这样只能看到石头露出苔藓之外的部分表面，宛如光滑的小山。切记，新种植的灌木和树木最终会长大，到时候，那些珍贵的石头看起来会比庭院刚布置好的时候更显小。虽然新种植的庭院难免显得荒凉，但要学会预见最终成熟的植物如何平衡石组和其他无生命元素的视觉效果，比如石灯笼和篱笆。

通常会用一块壮观的岩石为庭院增添朴素尊贵感，放在房子的正前方效果最佳。可以让石头单独立在砾石里，也

石组的布置

1 石头底部应深埋地中，这样它越贴近地面的可见部分就越宽（a）。绝对不能让石头呈锥形立在地面（b）。

2 用三块石头打造基本组合，从侧面看，形成不等边三角形。

3 任何石组中最大的中心石头都决定着整体风景的格调。高耸粗犷的立石令人想到崎岖的山峰；平滑矮石则令人想到被侵蚀的丘陵。

4 三块岩石为一组，从上方往下看时，它们的最高点构成不等边三角形。并非规定必须使用不等边三角形，但在规划石头间距和每块石头之间相互的关系时，这个方法很管用。

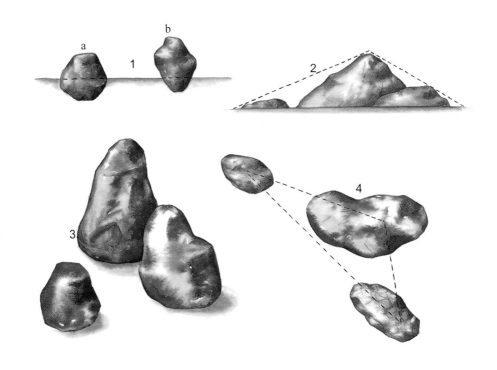

可以用低矮灌木或小树作为装饰，例如鸡爪槭。除此之外，也可以用修剪了低枝干的优雅高竹竿环绕石头。一定要仔细安放体积巨大的岩石和倾斜的岩石，必须用更多石头在底下进行固定才能立稳大石块，不会轻易歪倒。

将两块以上同样质地的石头进行组合时，它们的尺寸和形状完全不同也无妨，重点在于石组看起来浑然天成。基本单位仍是三个石头一组，构成不等边三角形，展示石组里主石的最佳角度。与人脸一样，石头也有好看的一侧，不过也有些粗犷的岩石，任何角度都很吸引人。给石头搭配让它看起来更稳定的东西。任何附加石块都是为了让主石更加完美。日式庭院总是想方设法地用不对称来营造平衡感与和谐感，避免成排罗列石头或让它们形成直角。将石组布置成稳定形状组合的式样，而非相互支撑的式样。环绕主石组进行拓展，可以将石组增加至五块、七块甚至十五块石头。

确定一块主石，将主石摆放得从正面看去显得略微歪斜。需要牢记的另一点是，散步型庭院的石组应该布置成从任何角度看去都值得观赏的式样。在前景位置放大块石头，在较远位置放小块石头，这样大小石头之间的距离看起来更远，也是让庭院空间显得更大的诀窍。布置树木的时候也可以采用同样的策略，将枝干精致的树木刻意栽种在远处。

直指天空的石头能营造沉静尊严感，为庭院平添几分庄严。而向其他方向倾侧的石头能将目光引向特定方向。石组可以通过这种设计来展现庭院的动态美，石头的摆放方向能决定观赏者目光的主要方向。

宗教文化与石文化多有关联，多样多源的中国宗教进一步巩固了这种关联性。这些文化与佛教一起，于4世纪至5世纪被带入日本。佛教中有许多圣山，在中国流传着关于蓬莱仙岛（即日语里的"蓬莱山"）的传说，据说那是长生不老的智者的居所。到了11世纪，石头成为了日式庭院必不可少的一部分，借石头表达对此类仙岛的向往之情。

佛教名山

日本的佛教中有两座重要的山，其中一座是普陀洛迦山，它是观音菩萨的居所。在庭院中通常用单块巨石来指代，它能传递传说中初始之山的意象，同时也表达了更本土的宗教情感。另一座带有佛教意象的山是须弥山，相传它位于世界的中心，环抱七大洋，被七座金山、一片海洋和一座铁山层层环绕。须弥山更适合用成簇的石头来代表。

除了这些特定元素，佛教中习惯将各种佛像按三个一组进行排列，这为三块石头组成的基本石组增添了宗教色彩。这种布局名为三尊石，可以理解为"象征三位佛陀的石头"。然而，老派的

庭院大师认为，三尊石不能放在庭院主景观的中心位置。因为三尊石不仅提醒着他们死亡的逼近，还与他们喜爱的不对称美相冲突。因此，老派庭院的重要景观总是位于主景视线略微偏左或略微偏右的地方。

有时，禅境庭院会使用巨大的平坦石块，便于僧侣坐在石头上参禅；有时，枯山水庭院会使用船形石块，让它们漂浮在沙海上。根据日本神话，这些船象征着天船，在诸神时代流入凡间。中国传统神话中也有仙船，乘船的是七仙女。

蓬莱山——即中国的蓬莱仙岛——与佛教的山很好区分，可以将它看作两种神圣生物的意象：一种是龟，它们把蓬莱山背在背上；另一种鹤，它们是仙

上图： 在日式庭院中，大型的石头并不是全都含有特殊意义，有时只是为了展现石头本身的特点和美丽的外表来吸引客人的目光。如图中的庭院，院中一个陡峭斜坡的巨石，已经完全与庭院融为一体。

人的坐骑。龟石很常见，也很好辨别，通常只用石头表示乌龟身体的某部分，以此来代表整只乌龟，最常见的是乌龟伸长的脖子和头，或者也使用乌龟伸长的腿、尾巴和龟壳等意象。有时，也可以用小岛来代表乌龟，小岛中央的石头象征蓬莱山，种植在旁边的松树象征着中国的仙人。常用一块粗短的三角形石头表示鹤，三角的形状暗示它向外展翅的形态。有时也用石头来表示鹤的长颈或鹤尾。在池泉庭可以看到乌龟和鹤的石头，枯山水庭院则是用沙子环绕它们。

石头的安放

建造庭院的时候，日本设计师首先考虑的是主石——最大、最壮观、最美丽的石头应该放在哪里。这通常是最重要的决定，因为其他一切都围绕主石展开布局。京都知恩院面向正厅的两个小庭院共有 26 块石头，它们沿着修剪成波浪形的杜鹃花海排列。一块巨石奠定了整座庭院的基调：它代表着佛陀。杜鹃花盛放的时候，能展现出云中佛陀佛光万丈、菩萨们环绕在一旁的意象。这个构思来自知恩院的一幅画。同样位于日本京都的地藏院，则用 16 块石头代表修行的罗汉。

石头和巨石是日式庭院的永恒景观，每块石头都稳稳地立在地面。这样，庭院就能给人以恒久感。

左页图：岩石与灌木的修剪形状具有相似性，凸显了无生命物体与有生命物体之间的差异。这是禅境岩石庭院中低调但重要的主题。

水

如果石头象征了日本的山岭地形，庭院的水则代表了日本湍急的河流与静谧的湖水，以及环绕日本的广阔海洋。例如池中央与湖中央的岛屿有时只用一些露出水面的石头来表示——代表着日本本身是宽广海洋上散落的群岛。

池塘

池塘通常为不规则的形状，目的是让外观尽量自然。然而，有些特定形状体现了早期园艺大师们奇特的想象，也为设计增添了另一层象征意义：云朵形和葫芦形。还有两种基于中国象形文字的传统形状：一是水的象形文字，一是精神或灵魂的象形文字。这些形状形成了有趣多变的边界线，因此，池与湖都沿用了这些设计理念。

池塘边缘可以栽种水生植物或挺水植物。目前最流行的是鸢尾科植物，例如燕子花和玉蝉花，后者在开花后和冬季时需要移出水面。花菖蒲适合大面积种植，这样才能凸显它们好看的叶子，以及它们紫色、淡紫色、薰衣草紫色或白色的花。欧洲的黄菖蒲和北美的变色鸢尾都是很好的替代品。叶子芳香、细长的白菖蒲和它的日本近亲石菖蒲也很

迷人。在远离水岸的地方可以大面积种植睡莲，它们的叶子最终会长成绿色的圆圈，与开阔的水面形成对比。

不要让水生植物覆盖整个池塘。尽可能控制植物数量，留出空间让水面成为倒映云朵、石灯笼、石头、水畔树木的镜子，提升开阔水面的趣意。对气候较温暖的地区而言，莲花或许是最完美的水生花，可以在庭院的大池塘或大湖里种植。莲花是佛教极乐世界的花，自带独特的优雅，形状完美的花蕾高高离开花叶；花瓣不重叠，每片花瓣看起来都像由最精美的丝绸剪裁而成。莲花还有着不可思议的香气。

建造沙洲、鹅卵石沙滩、碎石沙滩

右图：八桥（之字桥）是通过种满水生植物和挺水植物的浅水区的理想小径。这种低桥令人感觉仿佛在植物间穿行。在八桥上可以近距离观赏精美的玉蝉花。图片拍摄于美国俄勒冈州波特兰市的日式庭院。

下页图：山水池泉散步型庭院可以采用这种需要较大空间的设计。图片来自美国一座私人庭院。没有使用木制观赏桥，而是用了一座由石板搭建而成的人行桥。有带弯足的石灯笼位于水外。
选择花开大朵的落新妇属和蚊子草属等多年生植物，以及大叶子和鬼灯檠等观叶植物，它们适合种植在不规则池塘的湿润边缘处。

是日式园艺最古老的传统项目之一。它们可以象征荒凉海岸，或凉爽山间湖泊的优美河岸。有时，用鹅卵石打造的长海岬横跨窄池塘，令人想起最著名的日

头放在看似本来就属于它们的地方。在选择用于水景的石头时，尽量选择能展现水的活性的石头，比如我们习惯于把稍平的大卵石沿着溪流弯道外侧的溪岸

本海传统景观，名为天桥立的沙嘴。

大块石头常放置于池塘边缘，搭配结缕草向下延伸至水中的平滑池畔。这些池岸营造出柔和的田园风格，池塘水岸线略呈弧线形效果更好。除此之外，也有凹凸不平的岩石和锯齿状的海岸，它们构成了惊涛拍岸式的狂野悬崖。这些场景都应该谨慎使用石头，过多使用会削弱整体效果。重点在于，永远把石

摆放，看起来石头仿佛在指引水流，这成为了溪流设计必不可少的部分。

园艺师通过这些方式装饰池岸来创造自己专属的自然意象，同时还能保护池塘边缘免受侵蚀。当然，除了自然风格，还有其他风格的设计。将直径约10cm的低矮松树桩沿着池边或湖边种植，强调水岸线。树桩的高度不需要统一；相反，它们可以参差不齐，用柳条

或竹条将它们交织起来。也可以用一排低树桩来隔开种植了常绿水生鸢尾的区域，这样看起来不会太零乱。

瀑布

连级瀑布和一级瀑布将高山与流水的意象相融。瀑布可窄可宽，可悬垂可曲折，也可以用石头阻断。还可以由两三级瀑布组成。

过去常用四块石头打造瀑布。最大的石头是瀑布的背景，两侧各用一块大圆石支撑，还可以往里再填充些更小的石头。瀑布底部，一块较平滑的石头从水中凸起，略高出水面。这暗示了飞瀑直击水池的地方，且有助于分散溪流。有时，瀑布景观还会用一块石头代表鲤鱼。中国有个传说，鲤鱼跃过龙门[①]后就会成为一条龙，飞上天庭。将一对石头放在下游更远处，暗示水流的走向。扁长形石头是桥梁，架在下游处，这样不会遮蔽瀑布的景致。也可以用横跨溪流的步石替代。枯山水庭院也能这样布置，用沙和细碎石呈现溪流流动的效果。

地被植物常种植在瀑布上方的水源附近。想要更好地隐藏瀑布源头，可以将常青植物种植在瀑布顶端。鸡爪槭、松树、垂柳常挨着瀑布种植，它们的枝叶能部分遮住瀑布的源头。优美树叶背后若隐若现的瀑布比完全暴露在外的瀑布更雅致，它们为整体效果增添了神秘感和层次感。

①编者注：在此庭院布景中，瀑布代表龙门。

水景的创建

　　水景的设计是构建庭院整体景观的重要部分。可以用高耸的岩石和常青灌木环绕山池，也可以在绿草如茵的乡村造湖。瀑布、泉域、流淌的小河、慵懒蜿蜒的小溪——水景的设计充满无限可能。

　　家庭庭院可以用庭设计师提供的预建池塘设计构建水景，但有些人想融合各式各样的植物和石组，所以选择自己设计池塘。这种情况下，我们推荐用混凝土覆盖打造硬底层的方法来固定池壁和池底。在挖池塘的时候，将厚实的硬底层与混凝土相结合。使用厚木板和水平仪，确保池塘是水平的。硬底层约15cm厚，一定要压实。将约10cm厚的混凝土（水泥、砂、石子的比例为1:3:6）铺在硬底层上，用金属丝加固网面来强化池壁和池底。

　　池壁应有向外倾斜的角度，这样即使池水表面结冰了，混凝土也不会裂开。如果池壁呈坡形，可以只使用混凝土，不使用框架。但如果池壁是垂直的，则必须使用胶合板制作的框架塑形，才能倒入混凝土。设计池塘的时候请务必考虑溢流问题，以防池水在暴雨时溢出。

　　水底的石头可以固定在池底或池壁，安在灰浆（水泥与砂比例为1:4）上。灰浆层应为5cm厚。铺灰浆之前，应在混凝土上涂一些防水剂（也可以在混凝土里混合防水剂）。将灰浆用于石头附

在池塘边缘放置一块岩石

右图：如果池塘较大，可以在第一次挖掘时就将岩与框架一体化。带坡度的浅边缘则不必构建框架再倒入水泥。重点在于，确保水泥和灰浆没有裂缝，尤其是岩石周围。

用土壤和地被植物填满岩石与池岸之间的空隙

水泥

用灰浆让石头与架子之间的连接更平顺

硬底层

传统池塘形状

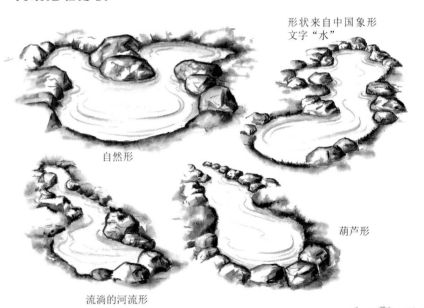

形状来自中国象形文字"水"

自然形

葫芦形

流淌的河流形

云朵形

前页图：连级瀑布落满水池，很适合坐在带遮蔽的长凳上观赏。也可以搭建紫藤架，夏季浅绿色叶片形成遮阴天蓬，年末则开满花簇，以绿色为背景的紫色花朵尤为醒目。用少量紫藤点缀水边的设计效果美不胜收，可以参考图中J. 道尔（J. Dowle）和K. 二之宫（K. Ninomiya）在1995年为切尔西花卉展设计的本田茶庭（本书第4页图也为该茶庭）。可以在各式各样的小径上，从不同角度观赏这座庭院。

近时，要确保没有留下任何缝隙，否则水会从缝隙中漏出。如果石头和混凝土之间的水平面有缝隙，要用土填满。结构建好后，用填缝料覆盖灰浆表面，避免有害的石灰渗入水中。对深池塘而言，如果池塘边缘有架子，在水边布置石组会比较简单，直接将石头放入较浅的水中即可，同时架子也很适合用来摆放水生植物。池塘可以深浅不一，架子也可以建在池塘底部，使用煤渣砌块制作。用灰浆将池塘中央的石头固定在池底。在挖池塘的时候就应该把池中岛屿布置好，大型岛屿上可以种植杜鹃花或松树。池壁必须像池塘其余部分一样能防水。

如果想在池塘养鱼，要用灰浆柔化水底的棱角，这样池壁和石块才不会让鱼受伤。不要把鱼放入刚建好的池塘里，混凝土中的化学成分对它们而言可能致命。池塘建造好后，让水静置几天，再在里面种植植物。种植植物两周以后才能往池里放鱼。

对普通庭院而言，池塘的深度不应超过 50 ～ 60cm。但如果想养大鲤鱼，池塘则必须深至能容纳发育完全的鱼。水池也可以浅至 30cm。这样的水池可以一眼看到池底，将鹅卵石嵌入灰浆，打造更自然的效果。使用特制容器能轻松地为池塘添加水生植物和边缘植物，例如网格状的特制容器能支持水循环。粗筛容器需要内衬粗麻布或密织聚丙烯，这样才能保证土壤不被冲走。这

上图：设计师理查德·科沃德（Richard Coward）通过使用燕子花等植物，将前景中木甲板的平直线条与庭院另一端的弯曲水岸线相连。

些容器可以放在池底，但如果种植的是挺水植物，也可以将这些容器放在池边。有些水生植物在开始生长的时候需要种在较深的水里，成片种植时更易于调整它们的高度，可以在必要的时候对植物进行修剪。使用专业水生堆肥或施了骨粉的土壤，并在上面铺上碎石。

溪流

设计溪流的时候，可以试着体现溪流的流向，比如浅浅的卵石水流最终变成开阔的涓涓溪流。较壮阔的溪流可能由一条一级大瀑布或一些连级小瀑布落下汇聚而成。放在溪流中央的石头必须浑然天成，不能突兀；卵石浅滩也如由流水冲刷而成般自然。布局巧妙的石头能强调水的流动感，因为水总在石头周围流动。

溪流的深度应介于 30 ～ 40cm 之间，辅以水边植物和石头的点缀，打造自然流动的溪流。当然，溪流也可以很浅，水约 5cm 深。如果将浅溪底部铺满直径约 2cm 的碎石，水流能产生令人愉悦舒适的潺潺声。

溪流的建造方式与池塘一样。如果是水流缓慢的浅溪，可以在布置好石头之后倒入混凝土。将碎石或鹅卵石铺在溪流底部，剩余石头可以用于覆盖仍然裸露在外的灰浆，这样能固定整个溪床，避免水流侵蚀。

庭院中需要有象征溪流的源头或来

铺设溪床

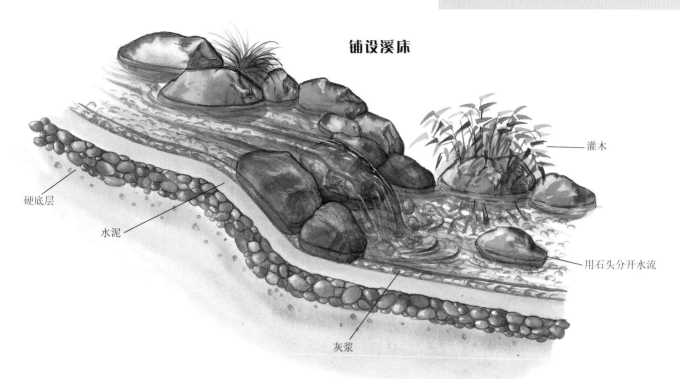

硬底层

水泥

灰浆

灌木

用石头分开水流

源的东西。这个源头可以是瀑布，用灌木遮蔽从瀑布顶部注入的水源；也可以是山泉，让水从石涧中流出；还可以令水从逐鹿慢慢流向石造洗手钵，而从洗手钵里溢出的水形成了溪流。这种布局暗示着自然流动的泉水，在设计庭院和栽种植物的时候就应该进行规划。从逐鹿中流出的真实水量不足以形成溪流，因此要借助其他隐藏的水源进行补给。

可以尝试从不同角度打造蜿蜒曲折的溪流，让庭院的空间显得更宽广。让水平面高度低于地面 10～20cm，溪流看起来会比实际深度更深。沿岸巧妙布局的石头和星星点点的园景树都能吸引观赏者的目光，例如鸡爪槭，在较大的庭院里还可以种植桦木。可以通过种植沿阶草属植物或苔藓等地被植物，或在溪流上安放步石，来营造开阔的视野感。

可以用单株垂枝鸡爪槭遮蔽蜿蜒的溪流，同时能为庭院营造神秘感。但如果还有其他抢眼的植物，整体效果就会有所减弱。倾向池塘的树木和树叶几乎触及水面的灌木，都有助于柔化溪流和池塘的线条。如果用大量不同的植物把河岸挤得水泄不通，则绝对无法营造出这种效果。

牢记庭院的观赏点，根据庭院的观赏点来规划庭院。确保地形（溪流位置低于地面）和植物没有遮住整条溪流。如果是小型庭院，最佳视角一定是从房屋往外看。流经房屋的溪流比在远处徘徊的溪流更有趣。宽 30～60cm 的溪流从 3～6m 外观赏时效果最佳。如果是大型庭院，溪流的宽度可以达到 1～1.5m。如果在小径上就能看到庭院的风景，那么需要好好规划，才能创建出不

上图：在设计溪床时，可铺一层鹅卵石，让溪床更具装饰性。鹅卵石的三分之一应嵌入灰浆中，这样石头不会随着水流移动。其余暴露在外的灰浆应完全遮住。

通过改造瀑布的基本设计，可以将连级瀑布与溪流相连。用两块略高的石头固定水流下方石头的两侧，再在这两块石头的底部各垫一块更矮更厚实的石头。将树叶形石头放在一级瀑布或连级瀑布略下游的地方，将水流分开。这块石头可以从水中凸起，面向瀑布落下的方向，另一端呈锥形。

可以将白棠子树等灌木种在一级瀑布旁，也可以选择枫树、柳树、松树种在瀑布旁边，让它们的枝叶遮住一小部分瀑布，柔化岩石的轮廓。

断变化的景致，为庭院访客制造些惊喜。部分遮蔽的景观能调动宾客的好奇心，道路拐角处顿时开阔的景色令人喜出望外。

若希望水源在庭院内流动，就必须在水道末端建造池塘，并在其中安装水泵。可以通过埋藏在土里的软管将水抽到水道顶部（在软管顶部铺一排窄瓷砖作为防护，这样软管就不会被铁锹不小心弄破）。如果软管顶部需要浸入源头水池，可以加装单向阀门，确保水不流错方向。水道上方的源头水池也有助于蓄水，关掉水泵后还能减少失水。连级瀑布的每级台阶都略微后倾形成小水池，它们也能够蓄水。

如果想在庭院中创建连级瀑布，溪床的坡度应该介于百分之八至百分之十之间；如果想要溪流流速较为缓慢，溪床的坡度应该介于百分之一至百分之二之间。溪流越长，水源位置须升至越高，这样才能产出水流。由于石造洗手钵多放在低处，如果放在土堆上方遮蔽水道源头会显得很突兀，除非采用某种障眼法的设计，让地面看起来没有实际那么高。使用低矮的洗手钵，同时让地面坡度尽可能的平缓。除此之外，还可以利用植物减少视觉上的高度差。

在规划任何类型的水景时，都必须顾及儿童的安全，他们可能会来庭院里玩耍。一定要记住，传统日式庭院不是为儿童建造的安全游乐场。

可以用木甲板来打造能俯瞰水景庭院的台阶。将修剪灌木种植在台阶前方，通过这种方式降低庭院高度不会显得太突然。

前页图：一系列清浅的连级瀑布能为夏季气候炎热的地区带来令人愉悦的凉爽感。日本的夏季尤为湿热，人们希望见到凉爽的山涧溪流。

水流冲向石群后变宽，成为了一条平缓的涓涓细流，多卵石的宽广水岸线让溪流看起来比实际上更宽阔。

上图：水流从竹筒中流向石造洗手钵，溢出的水流汇聚成水池。洗手钵使用天然石头制造而成，看起来仿佛经水流雕刻塑形。这种设计鲜明地体现了山泉的概念。

石造洗手钵

对建不了池塘的超小型庭院而言，可以将洗手钵与水景相结合，这样的设计也很迷人。石造洗手钵的景观对茶庭而言尤为重要，它们最初的作用是净手与净口。即便如今它们主要起到装饰作用，依然不能轻视它们具有实用性的外观，应该搭配一个柄杓——用于舀水倒在手上的竹杓。可以掏空天然石头来制作洗手钵，也可以在传统洗手钵上进行加工雕刻。梅花形洗手钵是热门形状之一，它的五片圆形花瓣很好辨认。花瓣繁多的菊花形洗手钵也很流行。另一个为人熟知的是枣形洗手钵，这种洗手钵呈高高圆圆的圆柱形，根据枣树的果实形状命名，二者外形十分相似。钱币形洗手钵也很常见，有些洗手钵用基线浮雕的汉字修饰盆口，刻上中文后的钱币形洗手钵称为"布泉"洗手钵，因为它以布泉钱币为原型。还有一种洗手钵根据龙安寺命名，因为它的原型来自龙安寺。方形盆口上刻着四个汉字：唯、吾、足、知，昭示着"知足常乐"的理念。银阁寺洗手钵也为方形，三面均为网格图案。其他方形洗手钵上则刻有基线浮雕的佛像，令人想起过去都使用废弃的寺庙建筑石块来制造茶庭的洗手钵。

石造洗手钵依然要搭配传统的石造蹲踞。洗手钵应位于低处，紧挨水坑，便于承接溢出的水流，这个水坑有时也叫作"海洋"。可以将鹅卵石嵌入水坑的灰浆层，再用一些石头遮蔽排水孔。也有将四五块粗糙的石头叠加在排水孔上的设计，但需要小心叠放，否则宾客在使用洗手钵时会被水溅湿。洗手钵越

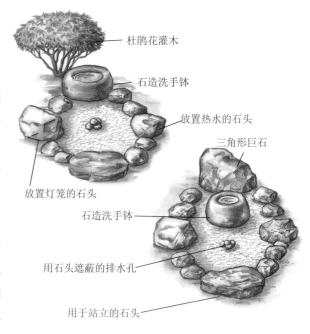

杜鹃花灌木
石造洗手钵
放置热水的石头
三角形巨石
放置灯笼的石头
石造洗手钵
用石头遮蔽的排水孔
用于站立的石头

石造洗手钵的布置

大，水坑就要越浅越宽。小型洗手钵可以安在深水坑里的矮台上；但是，水坑不能比与它相连的排水系统更深，否则积水无法顺畅排出。

洗手钵对面、水坑之外，有一块扁平的低石称为蹲踞，成年人也可以舒适平稳地站在上面。这块石头通常放在距离洗手钵70cm处，比庭院中的其他步石更大，也略高于它们。传统蹲踞的右边有一块略高的扁平石头，天气寒冷的时候，主人会在这块石头上放一盆热水，供参加茶道的宾客使用。蹲踞的左边也有一块扁平的石头，比放置热水盆的石头更高一些，专门用于放置晚间茶道的灯笼。而在其他茶道传统中，这两块石头的位置与上述相反。洗手钵后方常有一块巨大高耸的石头或一株常青灌木，它们能拉高整体布局的视觉效果，还能给人以安全感。

沙

右图： 图片拍摄于美国华盛顿班布里奇岛的布洛德保护区（Bloedel Reserve），它成功地将平坦抽象的枯山水庭院与开放式花园相结合。树篱并非打造特殊"日式"区域的必备元素。三组独特的石头构成抽象的石头布局。前景的石组诠释了用三块石头组成不等边三角形的基本组合。

流水和白沙都可令人感受到庭院的宁静与纯粹。神社与佛寺的庭院常用白沙来分隔神圣仪式的区域。因此，人们认为沙能为庭院增添灵性，同时又不指涉任何特定宗教。沙在许多类型的日式庭院中都扮演着重要角色。在没有足够的空间布置水景时，可以用沙来营造河、湖、海的意象，而且无须担心防水问题。更重要的是，白沙可以为最小、最暗的坪庭营造出开阔的空间感。

京都古老的庭院所使用的并非海砂，而是细腻的白色风化花岗石砂砾。沙坪庭院可以选择使用粗砂，或直径介于 3 ～ 8mm 的颗粒砂砾，太细的沙会随风四处飞扬。不使用海砂的另一个原因在于，海砂的纹理过于平滑圆润，用沙坪耙成特定图案时容易走形。购买沙子和砂砾时一定要确认好它们的颜色，干湿两种状态的颜色都要确认。

打造沙景的第一步是整平地面。通过滚压来夯实土壤，然后铺上一层粗砂砾，再在上面铺上一层厚度约为 5cm 的混凝土或灰浆。这样有助于保持沙坪的整洁干净，还能防止地面长出野草。混凝土层应自带排水孔排出雨水，这些排出的雨水会渗入碎石层，或通过管道流走。沙坪区域较小的情况下，可以使用带规则排水孔的聚丙烯板。这样如果沙坪变脏了，能用水直接冲洗。砖、石、铺地砖、木板等各式各样的材料都可用于修饰沙庭边缘，但请不要使用塑料。铺沙厚度介于 3 ～ 10cm，根据是否需要耙出图案而定。耙好的图案不能露出底层的混凝土或聚丙烯板，因此铺沙至少要有 5cm 厚，当然也可以铺的更厚。

耙图案之前需要扫沙，最好先用长柄细枝扫帚扫沙，再用连着木板的长柄工具推平沙地。普通草耙如今常被用于塑造图案，但许多著名寺庙都有自己专门设计的木耙或竹耙。可供选择的传统沙坪图案数量繁多，园艺师也喜欢尝试富有新意的原创图案。传统图案常以海

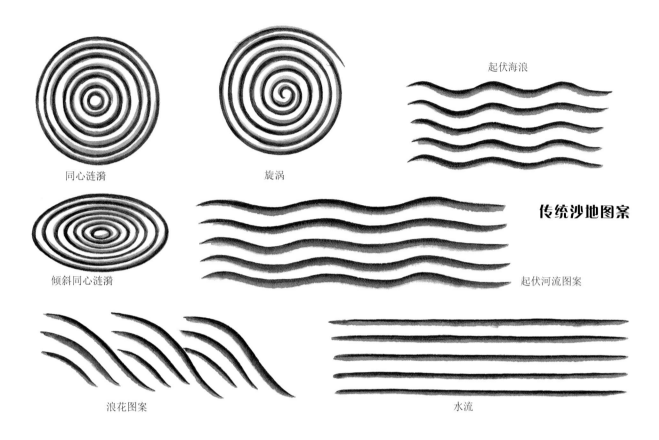

同心涟漪　　　　　旋涡　　　　　　起伏海浪

传统沙地图案

倾斜同心涟漪　　　　　　　　　　起伏河流图案

浪花图案　　　　　　　水流

浪为主题，例如枯山水禅境庭院常用海浪形态的纹理来象征不断流动的水。轻轻起伏的平行波浪线代表着平静的溪流、河流或海洋。线条宽度不同，所表达的意象也不同。有些设计很自然，有些设计则有很强的造型感。有种非常流行的图案代表着高高的海浪，但常被西方人误认为是鱼鳞，日本许多传统的布料和纸张也常使用这种图案。螺纹和螺旋代表旋涡。围绕石头耙出同心圆，这既像迷你海洋上露出的迷你海岬，又像一颗卵石或一片树叶刚掉入水中溅起的涟漪。

小溪

造型波浪

造型海浪　　　　　　　　造型浪花

小径与步石

右图：石造长凳与周边风景和谐相融。埃文斯秋海棠很适合种植在石凳和洗手钵的附近。除此之外，还可以选择百两金，它搭配苔藓时效果尤为出色，而且冬季还会结出亮红色的浆果。也可以选择立花橘灌木，它有着绿色、油亮的椭圆形大叶片。

步石最早被用于建造茶庭的小径，以及维持植物的自然格调。将步石铺在苔藓或低矮地被植物中时，它们能够模糊植物与小径之间的界线。与其说步石是为了引导宾客走上小径，不如说步石是为了吸引宾客走进庭院。与洗手钵的设计理念一致，即使步石主要被当作装饰品，它也要体现出一定的功能性。日式庭院在过去几个世纪经历了多种形式上的变化，但每种元素在最初都有其实用价值，这点应该始终谨记在心，能完成使命的工具堪称绝妙。步石不应该紧贴树篱或指向未知处，即使只是作为装饰的步石也不行。除此之外还要注意，石头之间不能相距太远，石头的布局不能令人迷惑，所使用的石头顶部不能太圆。

步石应为扁平形，直径至少20～30cm，这样行走起来才方便安全。避免使用朝中央缩进的石头布局，容易积水。步石至少应有10cm厚，比地面水平高出3～9cm（茶庭应当低些，家庭庭院应当高些）。用天然石头建造步石的技巧在于将形状不规则的石头相互搭配，这样的设计看起来也非常讨喜。

步石的间隔通常为10cm，但也要依石头的大小决定。主要应根据步幅长度来计算石头间隔的距离。在日本，中央步石与相邻步石之间的距离通常为50cm。然而，在茶庭走动时步幅相对较小。距离太宽的步石令身着和服的人行走困难。与西方热门的概念相反，和服并非宽松飘逸的服装，它们紧紧缠绕着上腹部，用的不是薄薄的腰带，而是用厚实的长丝绸。女士们走路时也要保持高雅，不能让和服裙摆的门襟打开。将大拇趾和食趾分开的人字拖意味着女性穿着它只能走内八字，但男性可以走得稍大步一些。这一切都暗示了传统之字

形图案步石的演化。

　　如果石头大小不一，可以用较小的石头替换较大的石头，保证中央步石与每块邻近步石之间的距离相等。有时，观赏小石头也被用于小径设计。椭圆石头并非只能朝着小径的方向进行纵向布局，也可以采用横向布局，以避免过度强调小径的前进感。还要避免步道相交处呈直角的设计。可以将比其他石头略大的石头放在步道分叉处，作为庭院的景观点，珍贵的园景树和石灯笼常常摆放在这样的景观点附近。还可以将更大、更壮观的石头放置在房屋旁边较开阔的空地上。有一定高度的石头常被作为走下阳台的台阶。

上图：这里几乎是庭院中唯一使用不同高度、不同肌理的岩石和观叶植物的地方。春季时，前景里的鸢尾花丛为庭院增添一抹亮色。

左图：日本京都大德寺龙源院将大小各异、形状各异的石头精心组合起来，打造通往入口正门的壮观小径。

该庭院在设计时着重避免了对称造型。左边的一块大圆石令人感觉庭院比它实际上更深。门廊躲在树后。

尽管该庭院几乎仅使用了常绿树，但种在此处的丹桂在秋季能散发出令人陶醉的香气。

步石的图案

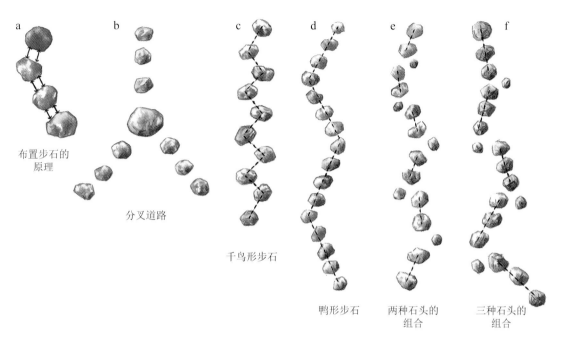

布置步石的
原理

分叉道路

千鸟形步石

鸭形步石

两种石头的
组合

三种石头的
组合

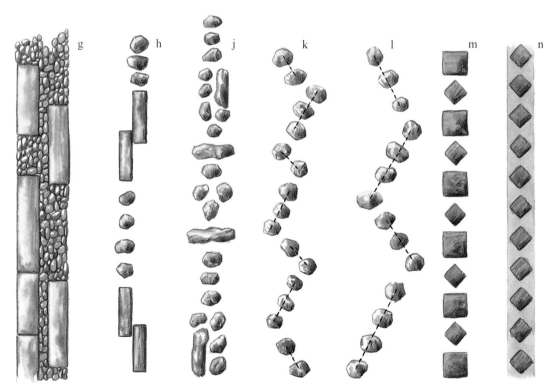

石板与石头的
组合 I 型

石板与石头的
组合 II 型

7-5-3 型石头
组合

2-3 型石头组合

3-4 型石头组合

鳞片图案 I 型

鳞片图案 II 型

左图：布置步石的时候，注意要让步石的直边相对，且接近平行（a）。这样整条小径才能保持同样的宽度。如果相邻的两块石头以尖锐边缘相对，那么那一段看起来就会显得窄。除非一块步石是完美的圆形，那么它能让尖锐的边缘显得平直一些。

用一块扁平巨石装饰小径分叉的地方，有时会使用磨石等不同类型的石头（b）。这块石头必须足够大，让人可以舒适的站立在上面。

千鸟形（c）和鸭形（d）也是步石小径的基本之字形图案。2-3 型石头组合（k）和 3-4 型石头组合（l）都是它们的变体。两种石头的组合（e）和三种石头的组合（f）是为了让图案尽可能的不起眼。它们最适合搭配茶庭那些在树木与灌木之间蜿蜒的小径。

石板与石头的组合 I 型（g）适用于通向大门或入口的正式小径；7-5-3 型石头组合（j）和石板与石头的组合 II 型（h）则适合开阔的空地。鳞片图案 I 型（m）和 II 型（n）适用于穿越空地。鳞片图案 I 型（m）也适用于打造优雅的弧形小径。科伯里·恩舒（Kobori Enshu）在京都南禅寺的金地院将鳞片图案 I 型（m）用于穿越沙地，这种设计也因此出名。

在地面上布置好步石后，可以用碎石或细沙环绕步石，或在其间培植苔藓。但对较正式的直行小径而言，用小石头与长方形铺路石组成立体图案的设计更加美观。这类铺法适合使用频繁的小径，因此常被用于寺庙和神社的步道。它们也很适合用于通往正门的小径。所使用的石头更像中砾石，但每块石头都更加平整，因而走在上面时脚踝和脚底的疼痛感较轻。

如果石头较厚，请将它们直接浸入平铺在砂砾层上的灰浆（水泥和沙的比例为 1:1.5 ～ 1:3）里。如果石头太薄，请先在砂砾层上铺 10cm 厚的混凝土，一两天后混凝土干了，再铺上灰浆。如果石头有厚有薄，可以先采用第一种办法安置较厚的石头，再采用混凝土填充法在其余地方填充较薄的石头。这类小径经砂砾修饰边缘后，视觉效果令人惊艳。

左图：虽然松树和常绿植物构成了大部分传统日式庭院的背景，但枫树常用于小径附近，为春夏秋注入令人愉悦的斑驳色彩。秋高气爽的日子里，每片星形枫叶都与深蓝色的天空形成鲜明对比，深红色的枫叶仿佛在水上漂流。

前页图：传统露台或茶庭能营造出山林中朴素日式庭院的格调。小径穿越茂盛的蕨类植物和大吴风草，强化隐居感和私密感。这座庭院属于日本赤穗市的田渊（Tabuchi）家族。

桥

右图：被用作穿越浅溪步石的天然石头十分吸引目光，在炎热的夏季尤为如此。选择扁平的石头，确保它们的间距相同，可以安全使用的同时，又没有太强的人为设计感。

横穿浅水的步石浑然天成，但过去各类正式庭院常使用的是各式各样的桥。

朱红色栏杆的驼峰木桥闻名遐迩。但需要小心使用，以免亮色盖过了庭院其他设计的风头。它最适用于可以从远处观赏的大庭院，在桥尾种植精美的垂柳或鸡爪槭，可以柔化桥醒目的色彩和形状。在日本，这些桥是 10 世纪至 11 世纪贵族庭院的一部分，多在湖边和小岛周围造桥。朱红色的桥是庭院的特殊景观。

日本京都贵族湖景庭院也将驼峰形或直线形的优雅木桥用于连接庭院中的岛屿，之后还将它们用于山水散步型庭院。它们通常设计成能倒映在深湖水中的样子。那时，种植着水生鸢尾、蒲草和睡莲的池塘最流行搭配"之"字形的桥（即八桥）。如今，这类桥依然颇受欢迎，它们被形容为用木板在池塘或湖面上搭建形成"之"字形图案的木板桥。如果建造的是低桥，可以真正做到让观赏者在水生植物间散步。

除了朱红桥，驼峰桥在小型庭院中并不那么突出，也不过于抢眼。驼峰桥多使用原木或木板建造，再上漆带出木材的天然颜色，它们可以提升日式庭院

的朴素感。甚至可以用草皮造桥——将草皮铺在一层原木上，再铺上一层竹片，然后镀锌。草皮桥不需要栏杆。通常说来，没有明显高栏杆的短桥视觉效果更好，当然，在设计桥的时候，保障使用的安全性最重要。

草皮桥和其他驼峰桥最适用于栽种密集低矮地被植物的庭院，较简约的桥则适用于苔藓庭院和石头庭院。简约型的桥使用平厚长条形石头组成，有时两端还各放一组不同高度的石头。石桥横跨在小型庭院的窄溪上效果最佳，带栏杆的木桥看起来体积太大。枯山水庭院则让这些桥横跨在用沙床和卵石床表示

的溪流上。让两块平厚石头首尾相连，用巨石支撑桥的中央，形成小桥横亘宽大浅溪的造型。

　　茶庭常使用的是略呈弧形的单块琢石，而非天然石头。如今，在西方庭院也可以看到这种石头。尽管它们明快的线条略带人造感，但它们仍是天然蚀刻石头的理想替代品。这类石桥过去常布置在一级瀑布和连级瀑布旁边，枯山水型或流水型的瀑布均可。它们符合禅境庭院呈现粗犷朴素自然的风格，被用于许多禅寺的小型散步型庭院。

上图：图为极其非常形的八桥。扶手并非沿着桥身延伸，而是只在设计师觉得有人想要停下来欣赏风景的地方设计扶手。

左图：这个"东方庭院"由 NJ Landscapes 公司在1998年为马尔文春季园林展设计。它很好地把握了八桥的设计理念，尽管它的装饰性大于实用性。"之"字形设计用于宽阔浅水区或沼泽湿地时，极为引人注目。

上图：根据庭院的整体特点来选择一种可以与风格互相搭配的桥梁。比如这座乡村风格的桥，就比风格华丽的桥更适合窄河或浅溪。

桥的类型

右图：一排原木支撑两块横木打造桥身，整座桥铺满草皮。原木排上有一层竹竿搭建结构。一块薄薄的金属板铺在土壤下，这些土壤在桥边可微微堆积。铺上草皮，让草皮的根系抓紧土壤。

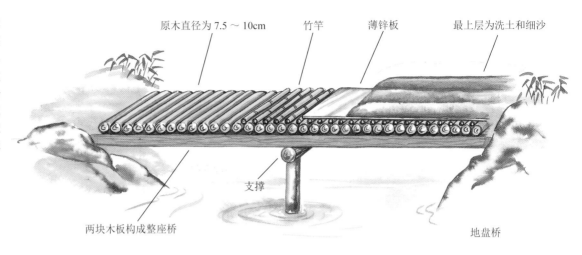

原木直径为 7.5 ～ 10cm　　竹竿　　薄锌板　　最上层为洗土和细沙

支撑

两块木板构成整座桥

地盘桥

上图：该庭院展示了巧妙的换位设计，用苔藓代表溪流，用碎石代表陆地。松树原木相互交织，用线绳缠绕打造木筏式样的桥。这种结构是草皮桥的基础。将桔梗小花丛种植在苔藓里，营造溪流中种植燕子花的意象。

"之"字形桥（八桥）Ⅰ型

左图：常用木板搭建"之"字形桥，再用横木固定两块木板。如果桥不仅仅用作装饰，那么一定要确保桥足够结实，能承受人体的重量。

下图：调整"之"字形图案，使之适合某个特定的庭院。该造型比Ⅰ型更适合穿越浅溪，可以用琢石建造，茶庭常使用琢石建造该桥，此造型的单跨桥通常略带弧形。石桥的两端经常各搭配一组不同高度的石头。

"之"字形桥（八桥）Ⅱ型

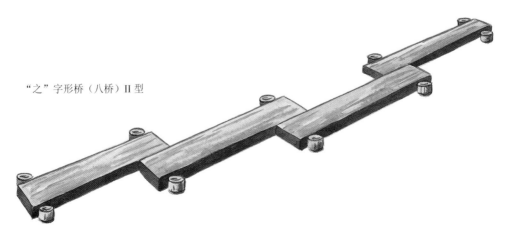

左图：可以用石板替代木板建造短型八桥。荒料石与这种几何形态的桥更相衬，比如第 37 页天然外观的人行桥。图片为弗莱德·沃特森设计并拥有的庭院，位于英格兰。

石灯笼

右图：出名的徽轸灯笼最早用于日本金泽市兼六园的水面上。它的形状就像支撑着十三弦古筝琴弦的筝码。

下图：石灯笼共有四类。置型石灯笼（a），可以放置在平石上；立式石灯笼（b），最传统的一种石灯笼，来自神社和寺庙；埋地石灯笼（c），竿部插入地面；带足石灯笼（d），放置在水边的低矮圆形灌木丛里效果很好。

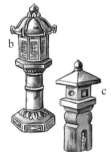

供奉圣火的石灯笼常用于装点通往神社和寺庙的大路和小径，它们兼具实用性与观赏性，多由信徒捐赠。举行仪式的时候，许多灯笼里点着小小的蜡烛，窗口糊着米纸，为参加晚间仪式的敬拜者照明道路。

随着茶庭的发展，石灯笼在 16 世纪被引入庭院。据说，石灯笼是由最伟大的茶道大师千利休带入茶庭的，因为他很喜欢石灯笼摇曳的灯火。如今，石灯笼更常作为装饰，但在布置石灯笼时，也不应该忽略它们最初的功能性。打个比方，如果洗手钵没有配备一块石头放置手持灯笼，则可以将石灯笼安置在靠近蹲踞的地方。

石灯笼主要分为四种，它们的用法有些许差别。标准石灯笼有竿和基座。日语称作 tachi-gata，即立式灯笼。许多立式灯笼都根据古刹命名，在这些寺庙依然能看到它们的原型。其中最出名的是一种六面石灯笼，它们来自奈良的春日大社，并以此命名。这些雕刻精细的灯笼尺寸很大，让它们显得较为笨重。但它们尊贵威严、四平八稳，靠近小径、大门、入口摆放时，或与高耸的灌木形成对比，显得尤为壮观。可以用全缘冬青、齿叶冬青、厚皮香、东北红豆杉、日本榧、日本荚蒾作为衬托。鸡爪槭、

落霜红、卫矛的优雅与这类石灯笼的重量感形成讨喜的对比。

第二种石灯笼更加朴素，没有基座。日语称作 ikegomi-gata，即直接插入地面的埋地石灯笼。它们能够与内庭或坪庭里密度稍低的植物形成对比。它们也可以搭配碎石和沙，这类石灯笼的简约形态适合格调较朴素的庭院。如此简约的石灯笼同样适用于茶庭，可以布置在靠近低矮石造洗手盆的位置。最出名的是织部石灯笼，它圆润凸起的竿极具辨识度。

第三种石灯笼日语称作 oki-gata，即置石灯笼，没有竿，需放置于平整的石头上。在山水庭院和枯山水庭院里，置石灯笼立于或坐于一片从水中凸起的土地上，打造海角灯塔的美妙视觉效果。

第四种石灯笼带足。可以是八角形、六角形或圆形，有两足、三足、四足或更多。其中雪见石灯笼最出名，在雪中观赏时分外美丽。这类石灯笼比带竿灯笼更短、更紧凑，靠着水景布置的效果非常出众。

还有一些石灯笼带一个或多个弧形长竿，它们多靠近水景。也有老式日本路牌（michi-shirube）形状的长方形石灯笼，蜡烛置于顶部网格窗的背后，这类石灯笼可以沿着小径按一定间距进行排列。另一种则是宝塔，从三层到十一层均有，层数为奇数即可。宝塔造型各异，有些宝塔的层与层之间几乎没有空隙，这种造型比带观赏窗的伪中式造型更加日本本土化，庭院最远角落的山坡是放置高塔的最佳位置，能营造出距离感。如需在平坦的庭院里布置大型宝塔，需要在宝塔周围环绕高挑细长的树木和密集的灌木，这样宝塔看起来才不会太突兀、太醒目。

上图：圆形的置型石灯笼常放在伸入水中的卵石沙嘴顶端。日本最著名的设计就在京都外的桂离宫里。可以在有限的空间内重现这种效果，对枯山水庭院同样适用。图片拍摄于德国奥格斯堡的一座庭院。

藤架

紫藤有着曼妙的淡紫色总状花序，当它们从浅色石头或红砖上垂落时，散发着近乎爱德华时代的优雅气息。如今，紫藤已成为被西方广泛接受的庭院标配。令人惊奇的是，只要精心修剪，保证充足的营养供给，紫藤也可以种植在大花盆里。

日本庭院多沿着藤架栽种紫藤。最适合的当属多花紫藤，总状花序可长达60cm。藤萝的总状花序略短，介于20～30cm之间。夏初，藤架成为由花瀑织就的华盖。日本到处都培植着这种样式的紫藤，它们古老且闻名。藤架在庭院中占据着重要地位。它们不必刻意吸引别人的关注，它们地位显赫，没有其他植物簇拥着它们，或是以一棵庄重有型的深绿色松树为背景。紫藤的树干也是亮点——树干越多的紫藤越古老。倚靠藤架种植紫藤，在紫藤花开满和未开的时候，都能观赏整株紫藤的形状。日式庭院中常用洁白碎石环绕紫藤，并在藤架下配备简单的坐席。这个坐席不带靠背与扶手，它只是一块平厚石头，或只是树桩的交叉部位，高度抛光后的年轮表面微微带有光泽。

常用扁柏的柏树原木充当藤架的竖

杆和横梁。用木榴油或类似的防腐剂加工能防止它们腐烂，过去则是把木头的表面烧黑，然后进行高度抛光。使用木杆而非锯木来建造框架，这样能打造出更朴素的外观，它们同样适用于制作支撑一两株植物的小藤架。用横梁连起木杆顶部。藤架至少应有2.5m高。

日式藤架的设计特色在于，用竹架固定木制框架的顶部。竹架由纵向和横向的直径5cm的竹条组成，以金属丝加固。每根竹条的间隔约为30cm，有些为45cm构成网格图案。如果使用的竹条太粗，会让藤架顶部显得太重。通常情况下，两根支撑木杆之间相距约2m，

可以使用 6 根或 7 根竹条。通过调整竹条间的距离，可以将竹架加长至超过横木的长度。

　　藤架应给人轻巧的印象，但必须足够牢固才能承受紫藤花满开时的重量。

　　紫藤开花需要很长时间，但一岁藤比传统紫藤开得早。紫藤从春季开始长出长枝，可以在夏末的时候进行修剪。

栽种后的头前两年留下一些长枝，让它们覆满竹架。在 1 月或 2 月的时候，将这些长枝修剪至 30cm ～ 1m。之后，紫藤会长出带花蕾的短枝。

上图： 盛开的紫藤形成东方庭院风格的华丽入口。紫藤架也是令人赏心悦目的非常规凉亭。还可以用藤架在大型庭院展示某些园景植物。

篱笆

篱笆越小，在庭院里反而越引人注目。为了与日式庭院的其他元素保持同一风格，优先考虑使用天然材料而非人造材料。出人意料的是，打造篱笆最重要的材料是竹子。在日本，收割竹子的目的各不相同，因此可以看到粗细不一的竹子。在西方国家也能得到粗达15cm的竹子。竹篱笆并非永久性的设施，制作竹篱笆的竹子会老化，一般在5年左右要进行更换。

日式庭院篱笆的另一大特点在于尽量避免使用钉子。篱笆通常相互交织，或用棕榈纤维制作的绳子将它们绑在一起。使用黑色的绳子捆绑篱笆视觉效果较好。

根据对私密性的需求不同，竹篱笆或疏或密。稀疏型篱笆通常较短，用于划分庭院中的植物区域。这种基础型篱笆称作方孔篱，由纵横交织的竹竿组成。根据京都金阁寺命名的金阁寺篱笆也采用类似的方形交织结构设计，但劈开的竹子令它们与众不同。矢来篱笆和龙安寺篱笆都采用斜位交织设计，后者使用顶部劈开的竹子制作。密集型篱笆比稀疏型篱笆更具私密性。密集型篱笆就像一块屏障，常搭配成排高耸的松柏或常青树，标志着大型庭院的外部边界。因此可能无法从屋外欣赏到密集型篱笆。但它们既优雅又具有观赏性，或许是将私宅与公共空间隔开的高屏障中最美观、最不具冒犯感的选择。有时，密集型篱笆也被放在高耸的树木或灌木前面，这时越过篱笆依然能看见上方的树枝。悬伸的树枝有助于柔化这类篱笆朴素笔直的线条。搭配开花树时更加引人入胜。如果粗大的树枝倾向庭院，只要围绕它搭建篱笆即可。

建仁寺篱笆是最常见的篱笆之一。劈开的竹竿密集交织成一排，劈成两半的粗竹竿充当水平支柱，组成高篱笆。这些支柱，有4根或5根（关西地区多为4根，关东地区多为5根）构成篱笆

右图：日本人习惯清除竹子的低枝，打造纤长优雅的竹子。这种设计赋予了竹林和森林别样的宁静感。高处的茂盛树叶形成天蓬，将夏季骄阳隔绝在外。树叶下的一切沐浴在绿光中显得如此静谧。

对开页图：大叶钓樟适合用于制作形态朴素的篱笆。泛着红黑色漆光的树皮为乡村庭院平添一分优雅。枝干杂乱无序地重叠在一起，捆成一排排，再用横竹竿固定。

的背面。半截竹子横摆在篱笆正前方，遮住固定篱笆的绳子。与背面构造不同，正前方的支柱起的是观赏作用，可以用整洁的绳结加固，支柱之间的间距宽且不规则。对较正式的设计而言，可以在篱笆顶部覆盖更多的横向竹竿。但在非正式场合没有必要把篱笆顶部修的平直。建仁寺篱笆的竖直竹竿之间毫无缝隙，这样的篱笆最常用作边界篱笆，但低矮型的建仁寺篱笆也可以用于隔离庭院的某些区域。

建仁寺篱笆有时也被安装在矮石墙上。这种组合叫作银阁寺篱笆，搭配修剪过的高针叶树篱时最令人难忘。它根据京都银阁寺命名，在银阁寺入口处的小径就能看到它。有时，可以将较细的竹竿用来制作竖长的篱笆，这种篱笆叫作清水篱。竹穗篱使用成捆的竹枝制作；黄莺篱使用大叶钓樟的枝叶制作；萩篱使用胡枝子属的细长枝干制作。这些灌木篱笆或芦苇篱笆都自带美妙朴素的优雅格调，当它们使用不同色彩的竹子制作时更是分外美丽，比如大叶钓樟就有着华丽的红棕色树皮。枝干越平直、越有质感，篱笆成品的表面就越平滑。这类篱笆与整体景色浑然一体，尽管有些是刻意用粗糙的材料制作，以求打造出更有乡村气息的外观。有些枝干显得精致，但篱笆看起来十分结实。有时，可以用较细的材料充当横杆，这类篱笆会将人们的注意力引向粗竹竿，因此要强

调篱笆的高度而非篱笆的长度。

日本并不流行用篱笆从庭院的一端围到另一端，最热门的使用方式之一是将篱笆作为小屏风或百叶窗。最小型的庭院常在与房屋呈直角的地方设置一片高高窄窄的篱笆，宛如门道旁的一堵防风墙，这种篱笆即袖篱，它们也可以用于遮蔽庭院的部分区域。无论稀疏还是密集，正式还是朴素，任意形式的交织都可以用于制造袖篱，根据篱笆的使用目的与庭院的整体风格而定。其

上图： 竹枝被用于制作这类袖篱（参见第126页）。将它放在入口处，遮蔽建筑物的正面。虽然造型朴素，但十分整洁，因此也可用于较正式的位置。用一大丛竹枝装饰篱笆末端。

前页图： 建仁寺篱笆（参见第126页）也是极为常见的竹篱，用于隔开房屋和庭院周围的区域。

竹篱的建造

方法A

1

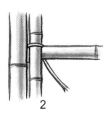

2

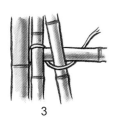

3

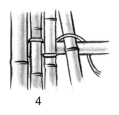

4

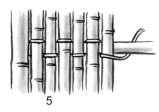

5

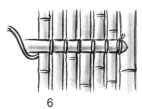

6
（从背后看的效果）

建仁寺篱笆：用一条长绳在横杆上固定劈开的竹条有两种方法。（A）的装饰感弱一些，之后可以将半根竹竿横向固定在篱笆上作为装饰，遮住绳子，并在最右端打结（C）。第二种方法（B）能为建仁寺篱笆塑造更有吸引力的图案（参见第124页）。

树枝篱笆：参见第123页和第125页，这类篱笆使用多排树枝建造而成，用劈开的细竹竿横向固定。按一定间距将两根横杆绑紧，这样树枝篱笆才能立起来。如此，篱笆的背部就做好了；然后在正面再制作一排树枝篱笆，并松松地绑上一根横向竹竿。正面和背面都完成之后，用半根竹竿夹紧篱笆两侧的横杆。用独立的装饰结捆紧这些竹竿（C）。将（在篱笆两面都朝外的）树梢整齐的塞入篱笆里。初学者可以使用金属网来支撑篱笆，但重要的是篱笆两面都要建好，不要露出金属网。

方法B

1

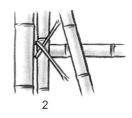

2

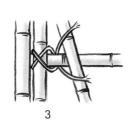

3

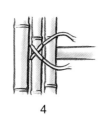

4

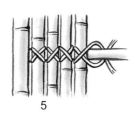

5

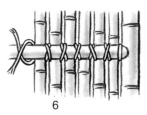

6
（从背后看的效果）

方孔篱与孔篱：右侧图解（C）展示了将竹条捆起来制作方孔篱和孔篱的基本方法。方孔篱（参见第31页和第75页）使用竖直的竹条，交替安装在横杆的正面和背面，3根一组或4根一组。可以自创图案，比如，用两根竖竹竿来设置间距。

孔篱（参见第58页）的制作方法与方孔篱相同，但竖竹竿之间没有空隙。孔篱是一款遮蔽型篱笆，高度为方孔篱的两倍。多为5根一组和3根一组。5根一组的孔篱横杆在背面，3根一组的孔篱横杆在正面。横杆的数量可以根据庭院设计师的喜好自行调整。可以从篱笆的顶部到底部采用对称间距设计，也可以分成两组，每组为2根或3根。一组位于篱笆顶部，一组位于篱笆底部，空出篱笆中央，强调篱笆的高度。

方法C

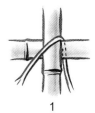

1

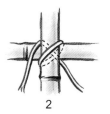

2

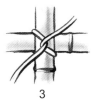

3
（从背后看的效果）

4

5

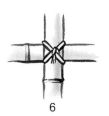

6

中最出名的种类之一叫作光悦寺篱笆（koetsuji）（根据京都光悦寺而命名），这种篱笆又长又窄，在末端呈现出明显的弧形，使用成捆的竹枝和劈开的细竹制作，多用作苔藓、石头、沙地庭院的背景，将这个区域与周围其他地方相隔开来。光悦寺篱笆搭配修剪正式的低矮灌木时效果最好，例如杜鹃花和地被植物。

　　竹竿越粗、越直，篱笆就越显得正式。另一方面，灌木篱笆由当地可种植的植物材料制作而成，例如金缕梅、编条或柳枝。粗糙不平的枝条也可以制作出个性十足的上好篱笆，但切记，任何一种材料的粗细和品质都应该相同。

　　过去，日本庭院的墙壁多使用板条和抹灰制作，并刷成白色。许多著名的禅境石头庭院都以这种墙为背景，墙壁的白色与碎石的白色相互映衬。修剪过的常青树倚靠白墙时，轮廓显得最为雅致。篱笆和院墙的类型与材质主要根据整个庭院的正式程度进行选择。树枝围成的朴素篱笆适合用于茶庭，但如果用于由石头和细沙组成的抽象禅境枯山水庭院就显得太过严肃了。西方的许多庭院设计公司都会储存编织柳条篱笆，以及用劈开的竹子、石楠、矮柳、芦苇或其他材质制作的屏障。尽管还可以为这类屏障添加粗直竹竿制成的水平支柱，但对大部分日式庭院而言，它们可能仍然过于脆弱。日式庭院中的篱笆和墙不

仅能划分界限，还能将观赏者的目光吸引到风景之外的地方。篱笆的高度应与庭院内外的植物相协调。这样篱笆才能营造广阔的空间感，而非给人以局限感。

上图：图为罗伯特·凯契尔（Robert Ketchell）和艾琳·图内尔（Eileen Tunnell）于 1996 年为汉普顿宫廷花卉展的"牧牛图"花园（'Ox-herding Pictures' Garden）设计的竹篱屏障。

借景

借景，这个设计理念并非日式庭院专属。如果从你的庭院往外看能观赏到壮丽的远景，那么可以充分利用这份景色，将景观与庭院的整体设计相融。不要把庭院藏在密集的杂交柏树篱后面。

日式庭院的篱笆、墙壁、树篱虽然隔绝了外界，但并不代表就此封闭了庭院。用作屏障的竹篱可采用顶部稀疏交织设计，将观赏者的目光引向庭院风景之外的地方。最朴素的直线型枯山水禅境庭院常被白色泥墙所环绕，营造自给自足的封闭世界之感。在庭院墙后种植一排庄严的杉树或柏树，不仅能柔化墙壁严肃的线条，将目光引向天空，还能将庭院与远方的风景相联。京都圆通寺用圆柱形扁柏修饰远方的比叡山，宛如丝绸上的水墨画。日本人崇敬山峰，因为山有灵性，山的美能引起人的共鸣。同样位于京都的正伝寺中，枯山水庭院里修剪过的杜鹃与东方山景相呼应。

这样，庭院似乎能与自然交相辉映，这就是日式庭院的终极目的。人为创造出来的微观宇宙存在于自然界的微观宇宙中，既是自然的一部分，又是一件艺术品。

右图：图为瑞士的马克斯科赫花园（Max Koch Garden），由安东尼·保罗（Anthony Paul）设计。它改变了人行桥的石板造型，使之更适合比典型日式庭院风景更开阔的当地风景。由于树木较少，远方的山景一览无遗，还能感受到空间的开阔。同时，燕子花刚毅的叶片和泽泻的穗状花序拉高了庭院的视觉效果。

第三章

植物选择指南

　　让设计呈现出恰如其分的自然感，日式庭院那份宁静正是来源于此。修剪过的常青树和针叶树充当季节性娇花的背景，日本杏树和山茱萸在初春绽放。五叶杜鹃和小叶三叶杜鹃等杜鹃花为春季带来炫目色彩。夏季则有四照花、红山紫茎、野茉莉的冷白色花朵带来清凉感。野花丛——气球花、紫苑、蟾蜍百合——暗示着秋季的来临。芒草高抬的花头发出瑟瑟声，提醒我们枫叶即将被霜冻红。百两金的亮红色浆果装饰冬季的庭院。日式庭院这份宁静来自低调的植物，而非缤纷的植物。

树木

针叶树

云片柏（*Chamaecypariso obtusa* var. *breviraimea*）：日本扁柏的一种矮生品种，常出现在日本庭院中，也有其他矮生的圆柏品种；如有需要，可在冬末至早春期间进行修剪造型。

日本花柏（*Chamaecyparis pisifera*）：垂枝、鳞叶；生长缓慢；喜湿润的非碱性土壤，喜日照。比翼桧叶（*C. p.* 'Filifera'）叶片极细，可以长至2m 高；在阴凉处无法生长。

日本柳杉（*Cryptomeria japonica*）：可生长至25m×6m；圆柱形；喜湿润且排水性良好的土壤；喜日照；生长快速；畏污染；是理想的背景和屏障植物。栽培品种 'Elegans Compacta' 的绿叶在冬季会变成青铜色。

龙柏（*Juniperus chinensis* 'Kaizuka'）：可生长至 6m×4m；喜排水性良好的土壤，喜沙；耐干旱；喜日照；多用手摘除嫩尖作为修剪；秋季将短枝剪至短于树木整体轮廓；耐污染；不喜其他根系干扰；适合成排种植，或作为成片树篱修剪。

海滨杜松（*Juniperus chinensls*）：一种浓密的常绿灌木，分布在日本的沙丘和多岩石的海岸；耐阴、耐海浪冲刷、耐干旱；长有锋利的针叶；生长宽度可达 1～1.5m，高可达 30cm。

赤松（*Pinus densiflora*）：可生长至 15m×7m；圆锥形，之后长为平顶；喜干燥环境；可修剪；极畏空气污染。

日本五针松（*Pinus parviflora*）：圆锥形；可生长至 10m×8m。

上页图：瑞士的凌志庭院（Lenz Garden）由安东尼·保罗（Anthony Paul）设计。该庭院使用了许多西方园艺师熟悉的欧洲野花，例如老鹳草和牛舌樱草。东方元素包括玉蝉花以及步石与人行桥的组合，十分低调，与周围其他元素以及瑞士丘陵的绿色背景和谐相融。

黑松（*Pinus thunbergii*）：可生长至 15m×6m。

美国黄松，即罗汉松（*Podocarpus macrophyllus*）：可生长至 15m×8m；圆锥形；叶螺旋状；不喜潮湿；在温暖区域生长快速，需要借助夏季的湿度和暑热才能完全生长，否则只能长为灌木；耐阴。小叶罗汉松（*P. m.* var. *maki*）树叶较小，是非常珍贵的日本品种。

日本金松（*Sciadopitys verticillata*）：可生长至 10m×6m；喜肥沃、湿润、排水性良好的中性偏酸土壤；全日照、半日照、半遮阴均可；生长缓慢、枝叶密集；淡红色树皮会脱落；不喜污染、恶根系干扰；可以成群种植。

东北红豆杉（*Taxus cuspidata*）：可生长至 15～20m；耐阴；秋季须浇水，但不喜潮湿；畏排水不佳；恶根系干扰；须避开冬季的干燥冷风；秋季雌株结出红色果实；高龄植株树皮剥落；每年在初夏和初秋修剪两次；高龄植株不长新芽。矮紫杉（*Taxus cuspidata* var. *Nana*）较低矮，外形圆润，2～4m。品种 'Densa' 更低矮，为雌性灌木，可生长至 1.2m。

罗汉柏（*Thujopsis dolabrata*）：可长至 15m；圆锥形；鳞叶；应避开强碱性土壤；喜湿润、排水性良好的环境；生长三四年的枝干不长新芽；若想培育成小型灌木，须及早修剪；在初春和初秋修剪，摘掉芽尖。品种 'Nana' 为矮生品种。

日本榧（*Torreya nucifera*）：可长至 15m×8m；圆锥形；适合日照或微遮阴环境；须借助夏季湿热的环境才能良好生长；可生长在美国东南部、新西兰北部、澳大利亚东南部，以及在潮湿的河边；须避风；属于耐寒园景树。

常青树

日本黄杨（*Buxus microphylla* var. *japonica*）：可长至 5m；须半遮阴；生长极为缓慢；移植时须

日本东京都南禅寺近景花园中的一棵杜松树，是一棵树龄超 400 年的古树

紫薇

八角金盘

仔细；喜石灰土；要小心护根，以防止浅根变得干硬；木材可用于制作梳子。

小叶栲（*Castanopsis cuspidata*）：可生长至8m×8m；扩宽式生长，下垂叶；喜湿润、肥沃、排水性良好的偏酸性土壤；喜日照；耐海风；耐污染；可群植，或栽种成片修剪成树篱。

红淡比（*Cleyera japonica*）：可生长至3m×3m；喜肥沃、深层的酸性土壤；喜阴；可大幅修剪，打造成片树篱；可作为林下植物栽植；适合作为茶庭植物，也可种在神社附近。

交让木（*Daphniphyllum macropodum*）：可长至15m；可修剪为圆形灌木或树木；喜肥沃土壤；须遮阴；无须修剪；叶片生长呈交替现象，新叶长出时，老叶凋零；群植；适合朝北的庭院。

三菱果树参（*Dendropanax trifidus*）：可生长至10m；喜湿润、阴凉环境；生长极为缓慢；不喜修剪；恶根系干扰；适合种植在朝北的庭院；适合栽种于神社与茶庭。

齿叶冬青（*Ilex crenata*）：可生长至5m×4m；叶片小而圆，有光泽；须遮阴；喜湿润环境；对日本的树木造型艺术有十分重要的影响；生长缓慢但生命力旺盛；冬季须避风；如果土壤为碱性，须每年施一次酸性肥料。

全缘冬青（*Ilex integra*）：可长至7～8m；喜湿润、肥沃的土壤；喜日照；生长缓慢；在初夏可大幅修剪，将枝干修剪至只剩两三片新叶；即使长到相当大也可移植；适合种在神社附近。

大叶冬青（*Ilex latifolia*）：常绿大乔木，有锯齿边缘的叶子，红色圆形浆果；如生长在阳光充足处，则可大幅修剪或造型，形成浓密的篱笆屏障；适宜在冬末早晨时修剪。

日本石栎（*Lithocarpus edulis*）：可生长至10m；日照或遮阴均可；生长迅速；耐大幅修剪；可作为防风屏障，或成排种植。

齿叶木犀（*Osmanthus* x *fortunei*）：可生长至5m；直立向上生长；树叶为冬青叶状，呈亮泽绿色；喜半阴或全阴环境；可修剪；耐海风；适合作为树篱种植及成排种植；夏末至秋季开出芳香的白色管状花朵；喜偏酸性土壤。

柊树（*Osmanthus heterophyllus*）：可长至4～8m；冬青叶状、多刺、革质叶片；耐阴；缓慢生长成密集圆形灌木；可修剪；耐海风；可单株培植，但也适合作为树篱种植；秋末雌性植株开出芳香的白色管状花朵，次年夏季果实成熟。

小叶青冈（*Quercus myrsinifolia*）：可长至20m；喜黏性土壤；耐遮阴；须大幅修剪；不耐污染；耐海风，可作为防风屏障；可单株种植，可作树篱种植，亦可成排种植。

厚皮香（*Ternstroemia gymnanthera*）：可生长至5～10m；通常不喜低于 -5℃的气温；成熟树木更耐寒；半阴或全阴均可；喜肥沃酸性土壤；要在初夏剪掉新长出的最长中心茎干。

落叶木

三角槭（*Acer buergerianum*）：长有3裂的宽阔叶子，上部是深绿色，下部是蓝绿色，在秋天变成橙色和红色，适合生长在阳光充足的地方；可生长至6～9m。

羽扇槭（*Acer japonicum*）：耐遮阴；生长缓慢；喜酸性土壤；不喜海风；树叶呈圆形，7至13裂，在秋季变为黄色和红色；比鸡爪槭（*A. palmatum*）更适合碱性土壤。

色木槭（*Acer mono*）：长有宽大、呈圆形的叶片，有5～7裂，喜湿润且排水性良好的酸性土壤和半阴环境。

鸡爪槭（*Acer palmatum*）：从春季到秋季，叶片的形状和颜色都富于变化；须在早春霜冻期悉心呵护；喜肥沃、深厚、酸性、不干硬的土壤；喜日照（但某些品种可能无法承受太阳焦烤）；勿修剪枝干顶端；应修剪底部过长的短枝和过密的

秋日的榉树叶

一种在日本以外地区被称为日本李子的梅花（Prunu smume）

虎耳草（10 月）　　朱砂根

枝干；如果需要控制植物尺寸，可将长枝剪至最根部的分叉处；该品种有一段很短的休眠期，可以在秋末冬初修剪；适合种在池塘边缘和石灯笼附近栽种；在秋季和早春用腐叶护根。七裂鸡爪槭（*A. p.* var. *heptalobum*）的树叶有 5～7 裂，在秋季会变成华丽的橙色和红色。山红叶（*A. p.* var. *matsumurae*）的叶片更大，也带裂。"红灯笼"鸡爪槭有经典的 7 裂树叶，在秋季呈橙红色。"珊瑚阁"赤枫在秋季长满亮黄色树叶，鲜红枝干宛如上漆。"新出猩猩"红枫和红司的叶片形状绝佳；槭树科植物都有着深裂叶片。

红脉槭（*Acer rufinerve*）：一种中等大小的树木，长有分裂的 3 裂叶子，中央裂片最大；有拱形的树枝和独特的树皮，苗木时呈绿色有深色条纹，随着树龄的增长变为灰褐色；比日本其他品种的枫树叶子变色晚。

连香树（*Cercidiphyllum japonicum*）：可长至 25m；喜潮湿、肥沃的中性至酸性土壤；全日照或半阴均可；生长快速，但不喜修剪；呈金字塔形；无虫害；秋季叶片变为鲜亮的猩红色（种植在酸性土壤中色彩最佳）。大叶连香树（var. *magnificum*）更矮，约 10m，但叶片更大。枝垂桂（f. *pendulum*）带垂枝。

山锦木（*Euonymus hamiltonianus* subsp. *sieboldianus*）：可长至 5m；生长快速；喜日照；秋季雌性植株上结出 4 裂粉红果实，开裂后露出红色的籽；不必修剪，但可在冬季修剪保持天然形状，修剪长枝、弱枝及底部的细芽；花朵长在短枝上；秋季叶片变色。

银杏（*Ginkgo biloba*）：可长至 30m；直立向上生长；生长缓慢；需要阳光；扁平扇形树叶在秋季变为亮黄色；耐干旱、耐污染；雌雄异株；西方国家栽种的银杏树多为雄性植株，银杏果实可食用。

枳（*Poncirus trifoliata*）：可生长至 2～3m；耐遮阴，但喜日照；不喜根系干扰；春季长叶前，开出芳香的五瓣花；果实像小橘子，不可食用；枝干带利刺；可作为高耸浓密的树篱。

龙爪槐（*Sophora japonica*）：可长至 10～25m；每日需要 6 小时以上的光照；喜深层、肥沃的土壤；伸展型圆形树冠；羽状叶；夏末开出乳白色花朵；可修剪；可群植；过去是表示吉祥富贵的植物。

合花楸（*Sorbus commixta*）：可长至 10～15m；耐遮阴；不喜根系干扰；生长缓慢；秋季变色并结出浆果。

榉树（*Zelkova serrata*）：可长至 20m；喜日照，但耐遮阴；喜深层、肥沃、排水性良好的土壤；根系较深；完全长成后可移植；树形圆润，但没有高耸的中心主干；除非想保持完美的整体形状，否则无须修剪，修剪应在冬季进行；秋季变色极为美观；抗风，但不喜空气污染、不喜干旱、不喜地面高温。

观花树木

山茶（*Camellia japonica*）：可长至 9m×8m；伸展式生长或直立向上生长的常绿灌木或树木；喜日照；秋末、春初开出带金色喇叭形雄蕊的红色花；叶片有光泽呈深绿色；喜肥沃酸性土壤；勿修剪，让它自由生长，或作为树篱种植；在日本极为多见。品种 Tsubaki（*C. j.* var. *hortensis*）中包含常见庭院品种，常修剪成高耸圆柱形；开花后剪枝，只留下一个健康的芽，整体形状为灌木丛；冬季须护根，防止植物枯死；杂交品种喜遮阴；须防冷风和晚霜；"白侘助"品种为圆形灌木；在冬季中期和初春开出优雅小花。

茶梅（*Camellia sasanqua*）：可长至 6m×3m；常绿圆柱形灌木或树木；喜肥沃、深厚的酸性土壤；耐阴、耐污染；防风效果好；开非常形的绢状单瓣花；开花早于普通山茶，在日本冬季也开花，

蜡瓣花

红山紫茎

野茉莉

棣棠花

某些气候环境下可能秋季开花；山茶（Camellia）杂交品种在开花后修剪；保护植物免受夏季干旱。

紫荆（Cercis chinensis）：可长至 2～5m；枝叶茂盛的落叶灌木；喜日照；春季长叶之前开出深粉色花朵；少虫害；高龄植株不喜移植。

髭脉桤叶树（Clethra barbinervis）：是一种大型落叶灌木，也可称为是一种小型树木，可长至 3～6m；7—8 月会长出芳香的白色花朵；秋叶色好；树皮灰色、平滑；喜光照；喜腐殖质层厚的土壤。

四照花（Cornus kousa）：可生长至 10m；圆锥形落叶树木；喜温暖气候和阴湿环境，喜光（但幼树不喜强烈的夏季阳光）；喜酸性土壤；生命力旺盛；耐干旱；四片尖尖的乳白色苞片环绕成花朵，初夏开花，随后结出红色果实；不喜修剪。

山茱萸（Cornus officinalis）：落叶乔木或灌木；早春开出成簇的黄色小花；可以混搭粉色的梅花栽种。

日本金缕梅（Hamamelis japonica）：可生长至 5～10m；秀丽的落叶树木；喜日照，耐遮阴，喜偏酸性土壤；冬末开出黄色或橙色的带状花朵，有淡香；秋季变色。金缕梅（H. mollis）在西方国家更常见。杂交金缕梅（H. x intermedia）是金缕梅与日本金缕梅的杂交品种。

紫薇（Lagerstroemia indica）：可生长至 4～5m；喜日照；落叶灌木或小乔木；枝长且韧；夏季开花；想要花开得更大，可以在冬季休眠期将枝干修剪至 10～20cm。

含笑花（Magnolia figo）：常绿灌木，属于木兰的一种，原产于中国。叶革质、坚韧；有淡黄、边缘红、紫的花朵，有一种让人联想到香蕉或波特酒的香味；喜肥沃酸性土壤；定期浇水；可修剪成树篱；生长缓慢。

皱叶木兰（Magnolia kobus）：可生长至 10～15m；春季长叶前开出芳香的白色花朵；不喜根系干扰；耐遮阴，耐碱性土壤；叶片带香气；可以长至很高，达到期望高度时及时修剪阻止顶部生长；将石头放在树根下，能刺激根系和枝干向外扩展生长。

紫玉兰（Magnolia liliiflora）：落叶树；红紫色酒杯形花朵。"黑紫玉兰"较矮，约能长到 2.5m，花朵为紫红色。

柳叶木兰（Magnolia salicifolia）：早春开出白花；落叶按压后散发八角香气；喜湿润酸性土壤；日照或遮阴都可；与皱叶木兰是近缘种。

天女木兰（Magnolia sieboldii）：可长生至 4～5m；春末夏初开花，乳白色花朵微下垂，花粉囊为略带紫色的红色，散发果香；可用于布置茶道仪式；耐湿润碱性土壤；落叶小乔木。

星花木兰（Magnolia stellata）：可生长至 4～5m；阳光充沛时生长快速；早春长叶前开出 12～18 片带状花瓣的芳香白花；喜肥沃深层土壤；耐碱性环境；落叶小叶乔木木。

垂丝海棠（Malus halliana）：可生长至 5m；于春日开花，可作为盆景树；不耐水涝；适宜在深秋或冬日修剪，将长枝剪至仅保留 4～5 个叶芽即可。

富士樱（Prunus incisa）：小型野生樱花可长至约 3m；早春开出白色和淡粉色的花。

山樱（Prunus jamasakura）：野生樱花可长至 6m；嫩叶为青铜色；粉白色小花；在日本非常受欢迎；被用于培育杂交日本樱花。

红梅（Prunus mume）：可生长至 2～10m；喜肥沃沙地；喜日照；五瓣花带淡香，早春在樱花盛开前开放；夏季结出黄色果实；有双花培育品种，也为红、粉色；冬季，在圆形花苞全部长出之后，剪掉三分之一带花苞的枝干，剪去无花苞的长枝；这是日本最重要的观花树木之一；绿色果实可用于制作腌制食品和甜酒。

大山樱（Prunus sargentii）：落叶大乔木；花

桔梗花

埃文斯秋海棠（10 月）

阔叶麦冬草（10 月）

秋日的酸浆果

期4—5月，呈粉红色；树皮暗棕色，有环状条纹。

早樱（*Prunus x subhirtella*）：可生长至8m×8m；从秋季至春季开出成簇的粉色或白色花朵。"垂枝红彼岸"为垂枝品种，生红色花朵。

染井吉野樱（*Prunus x yedoensis*）：一般认为是大岛樱和江户彼岸樱的杂交品种；花为半透明粉色；扩展式拱形生长；也有垂枝品种。

红山紫茎（*Stewartia pseudocamellia*）：可长至10m；圆柱形；喜肥沃中性至酸性土壤；避免根系干扰；喜日照，但恶干燥环境；勿修剪；初夏开出白色山茶状花朵；秋季叶片变色，树皮出现杂色；落叶树木；冬季须遮风。

野茉莉（*Styrax japonicum*）：可长至7～8m；落叶灌木或小乔木；喜日照，但耐遮阴；喜肥沃偏酸性土壤；移栽时须注意浇水；白色垂花夏季开放，宛如落雪；浆果有毒；勿修剪；可以作为灌木丛成排种植。

玉铃花（*Styroa x obassia*）：一种直立、纤细的乔木或灌木；晚春时节开钟状白花，树皮平滑呈灰褐色；喜温暖湿润、光照充足的环境，耐旱、忌涝，也能耐受半阴环境；以排水性良好但湿润的土壤为宜。

灌木

常绿灌木

紫金牛（*Ardisia japonica*）：可生长至10～15cm；喜阴凉、湿润、排水性良好的环境；小型革质叶片，结红色浆果；在早春修剪至贴近地面；适合在林下栽植。

青木（*Aucuba japonica*）：可生长至1～2m；若遮蔽得当，能在寒冷天气中存活；喜阴凉、肥沃、湿润的环境；避免修剪，除非要修剪老枝；耐污染；适合种植在朝北的庭院、茶庭，作林下栽植；雌株植物在冬季结出红色浆果。

茶树（*Camellia sinensis*）：灌木或小乔木，在气候温暖的地区可作树篱种植；花白色；有较多品种。

冬青卫矛（*Euonymus japonicus*）：灌木；可进行修剪，能塑造独特造型；一年可修剪2～3次，一般春中至初夏和秋日修剪，当修成造型后，再在冬季进行整理修剪；有多种园艺变种。

柃木（*Eurya japonica*）：最高可长至5m；耐全阴或半阴环境；适宜定期修剪，一年可修剪2～3次来保持造型和大小；可作为环绕茶庭的树篱；也可作为广阔的树篱修剪；花香难闻。

八角金盘（*Fatsia japonica*）：可生长至2～3m；若遮蔽得当，能忍受低气温；喜湿润肥沃的土壤；日照或微遮阴均可；深裂革质叶片；无须修剪；冬季开花；适合孤植或群植及林下栽植。

偃柏（*Juniperus chinensis* var. *procumbens*）：可生长至25cm×2m；喜日照；喜干燥沙地，尤其是碱性沙地；勿修剪；不喜根系干扰；矮生铺地柏可长至30cm。

十大功劳（*Mahonia japonica*）：可生长至1.5～2m；阴性植物，多生长在林中、阴湿峡谷处；最喜酸性土壤；生长快速，直立向上生长；勿修剪；冬季中期开出芳香黄花。

光叶石楠（*Photinia glabra*）：可生长至3m×3m；但若遮蔽得当，在更低气温下也能存活；日照、半阴、全阴环境均可；避免过度潮湿；呈圆形茂盛生长；红色嫩叶极具吸引力；适合打造成片灌木；从春季至夏季修剪4次，留下新叶芽，但秋季不得大幅修剪；"鲁宾斯"的红色嫩叶尤为美观。

马醉木（*Pieris japonica*）：可生长至2～5m；圆形灌木；喜肥沃酸性土壤；喜遮阴，耐全日照；耐碱性土壤；冬季须防风；冬末和春季开白花；8月长新的圆锥花序，须在新花序生长前及时剪掉老花序；叶子有毒。

宣草（7月）

白睡莲

三白草

荷花

落叶性灌木

日本小檗（*Berberis thunbergii*）：可生长至 60cm ～ 2.5m 高，1 ～ 2m 宽；秋季叶片变色；可作树篱种植。紫叶小檗（*f. atropurpurea*）的叶片呈紫红色或紫铜色，阳光照射下颜色更美观。

卫矛（*Euonymus alatus*）：灌木；丛生；喜偏干性土壤；喜日照，但耐遮阴；可大幅修剪；秋季叶片呈深红色；火焰卫矛更低矮、更茂密。

垂丝卫矛（*Euonymus oxyphylus*）：一种生长缓慢的灌木；可生长至 2 ～ 4m；春日开白色小花；秋日结红白球形果实；当处于休眠期时修剪过长枝条。

落霜红（*Ilex serrata*）：可生长至 3m；喜日照；生长缓慢但密集，根茎为紫色；雌性植株结红色浆果，冬季成为鸟类食物；春季开出亮粉色花朵；只需修剪较长的短枝即可。

大叶钩樟（*Lindela ambelata*）：一种优雅的灌木，可以长到 3m 高；在冬季将主枝剪至合适的高度，将密集的枝丫修剪疏松；早春开黄色花朵；喜湿润酸性土壤；适合栽种在背阴的庭院。

细柱柳（*Salix gracilistyla*）：可生长至 50cm ～ 3m；分雌雄植株的水边垂柳；叶片上面呈深绿道，下面灰色，有柔毛。

胡椒木（*Zanthoxylum piperitum*）：可长至 2.5m；带刺落叶灌木；叶子捣碎后带香气；叶子与种子可用于烹饪。

观花灌木

少花蜡瓣花（*Corylopsis pauciflora*）：可生长至 1.5m×2.5m；喜酸性土壤，可日照或遮阴；春季开出浅黄色总状花序的花；落叶灌木。

长穗蜡瓣花（*Corylopsis spicata*）：金楼梅科的一种落叶灌木；开柠檬黄色的花；3—4 月有纤细下垂的总状花序；在开花后立刻修剪，剪至主枝、长枝只留有 5 ～ 6 片叶子，以促进花蕾生长；

栽种在小型庭院时要勤修剪，把主枝的数量控制在 2 ～ 3 根；喜酸性、腐殖质丰富，且排水性良好的土壤。

瑞香（*Daphne odora*）：可生长至 1.5m；常绿植物；喜湿润、轻质酸性土壤；日照或遮阴环境均可；不喜根系干扰；常修剪成球形；开花后立即剪短枝干；不喜干燥环境、不喜排水性不良的土壤。金边瑞香更耐寒。

细梗溲疏（*Deutzia gracilis*）：比齿叶溲疏（*D. crenata*）更小；密集直立向上生长，可长至 1m；春末夏初开出白花；适合种植在水边。

日本吊钟花（*Enkianthus perulatus*）：落叶灌木，树高 1 ～ 3m；如果遮蔽得当可抵御冬季严寒；喜日照；喜排水性良好的酸性土壤；生长缓慢；春季开出钟形白花，秋季叶片变色；开花后耐大幅修剪；如果认为植物造型比观花更重要，则冬季修剪。

绣球花（*Hydrangea macrophylla*）：可生长至 1 ～ 4m；喜温暖、湿润且半阴的环境；喜湿润肥沃土壤；pH 值低于 5.5 的酸性土壤适合培育蓝花品种；pH 值高于 5.5 的土壤适合培育粉花品种；白花品种不受土壤酸碱度影响；落花后立即将开花枝干修剪至下一节未开花的枝干；适合种在朝北的庭院，或间种在树木之间。

圆锥绣球（*Hydrangea paniculata*）：可生长至 3m；喜半阴环境；生长快速；须修剪；宜林下栽植。

棣棠花（*Kerria japonica*）：可长生至 2m× 2.5m；喜湿润肥沃土壤；喜日照或遮阴环境；春季开出黄色单瓣花或双瓣花；无须修剪，除非植株太大；勤修剪底部未开花枝干和枯枝弱枝；适合群植。

胡枝子（*Lespedeza bicolor*）：可长生至 1.5 ～ 2m；喜日照；喜群植；喜肥沃土壤；夏末和秋季开出紫粉小花；垂枝；落叶后如有必要可修剪；修剪时应彻底剪掉老枝和一半嫩枝。美丽胡枝子

丛生的绣球花装扮了细长的毛竹

（*L. thunbergii*）：半灌木；将离地 10cm 以内的枝干剪去；白花美丽胡枝子开白花。Versicolor 品种在同株植物上会开出白花和粉紫花。

丹桂（*Osmanthus fragrans* f. *aurantiacus*）：可生长至 10m；秋季开出由橙色小花组成的花簇，有浓郁果香；修剪成圆柱形；若从幼苗种起，可通过修剪顶端控制植株大小；冬季剪掉长枝，将其修剪成想要的形状；每年可进行一次大幅度修剪，刺激新的花苞生长。

牡丹（*Paeonia suffruticosa*）：可长至 2m；落叶灌木；喜日照；根浅；恶正午强日光及干燥环境；喜腐殖质丰富的土壤；恶根系干扰；栽培品种多；秋末应修剪至只剩一两个花苞。

厚叶石斑木（*Rhaphiolepis umbellata*）：可生长至 2m，遮蔽得当能忍受低气温；喜日照；适合种植在海边；喜肥沃土壤；常绿灌木；开白花，有时为淡粉色，夏季开出圆形总状花序；宜种在茶庭；Minor 品种为矮化品种。

五叶杜鹃（*R. quinquefolium*）、小叶三叶杜鹃（*R. reticulatum*）、日本杜鹃（*R. japonicum*）：均为落叶杜鹃；生命力并不旺盛；仅在必要时修剪，开花后立即清除枯枝弱枝、交叉枝干。五叶杜鹃是精美矮小的树木；绿叶点缀白花，花由五瓣组成；冬季需要保护才可过冬。

麻叶绣线菊（*Spiraea cantoniensis*）：可生长至 1 ～ 2m；落叶灌木或半常绿灌木；春季中期开花；喜肥沃土壤；喜日照；生长快速；可修剪成球形；开花后修剪，修剪成花苞向上的形状；每三年剪一次老枝，让植物底层的嫩枝得以生长。

珍珠绣线菊（*Spiraea thunbergii*）：可生长至 1 ～ 1.5m；早春开花；喜日照；蔓生枝干；修剪方法与麻叶绣线菊相同。

六月雪（*Senissa japonica*）：常绿小灌木，可生长至 60 ～ 120cm；6 月开细小白花；可作盆景；喜阴凉，畏阳光直晒；对温度要求不高；耐旱；对土壤要求不高。

日本荚蒾（*Viburnum japonicum*）：可长至 1.8m；圆形常绿灌木；初夏开出芳香白色小花，为圆形聚伞花序；喜日照；生长快速；须大幅修剪。

蝴蝶双株花（*Viburnum plicatum* f. *plicatum*）：可长至 3m 高；落叶灌木；开白色大花朵，花期为 4—5 月；喜日照；生长缓慢；轻度修剪；适合作为向阳庭院的景观植物。

浆果植物

百两金（*Ardisia crispa*）：可生长至 60cm ～ 1m；喜温暖、湿润、通风、半阴的环境，畏阳光直射，常绿植物；从冬季到春季结出浆果，长在植物顶部的叶子下方；每四五年在春季修剪一次主茎干，降低植物高度。

日本紫珠（*Callicarpa japonica*）：可生长至 3m；喜日照；落叶灌木；可在秋末春初修剪至贴地，但不得修剪枝干尖端；在寒冷地区茎干会枯死；秋季结出紫色浆果；适合作为盆景；根据《源氏物语》作者紫式部命名。小紫珠（*C. dichotoma*）植株更小一些。

草珊瑚（*Sarcandra glabra*）：可生长至 60 ～ 90cm；冬季须遮蔽并护根；常绿；成熟后会在冬季结出红色浆果；喜阴凉环境；作为林下植物栽植；不要让烈日烤焦树叶；生长快速；耐海风；恶干燥环境；如果希望植株更大，在冬末将枝干修剪至剩一个叶节；多与百两金共同种植。

南天竺（*Nandina domestica*）：可生长至 1.5 ～ 3m，有些栽培品种较矮小；喜日照或遮阴环境；常绿植物或半常绿植物；冬季结出红色浆果；树叶为深紫绿色；英国园艺学家 E.A. 保尔（1865—1954）建议将南天竺种植在屋檐下，防止花朵被雨水溅湿；在秋季再植并护根；早春时剪掉老枝和枯枝，修剪主茎干顶端让枝干更有型；

蟾蜍百合

日本吊钟花

日本紫珠

杜鹃

是具有吉祥寓意的植物。

地被植物

麦冬（*Ophiopogon japonicus*）：可生长至 10 ～ 30cm；喜潮湿偏酸性环境；喜阴；秋季用腐叶土施肥；夏季开花；条带状窄树叶长可达 10 ～ 20cm；密集生长；适合种植在屋檐下阻挡泥土溅起；喜疏松、肥沃、湿润且排水性良好的微碱性砂质土壤。黑沿阶草（*O. planiscapus* 'Nigrescens'）叶子为黑色，淡紫色花，结蓝色浆果，耐寒。银边麦冬（*O. jaburan*）粗细不一，耐寒。

吉祥草（*Reineckea carnea*）：可生长至 8 ～ 13cm；多年生；喜中性至酸性土壤；遮阴；常绿植物，适合作为地被植物；花果期为 7—11 月，果实呈鲜红色。

虎耳草（*Saxifraga stolonifera*）：可生长至 8 ～ 45cm；多年生常绿植物，肾形厚叶略带紫色，叶脉为白色；春末夏初开出白花；喜潮湿、阴凉、多石地区；只需少量的土壤即可生长。

草与竹

草

金叶苔草（*Carex hachijoensis* 'Evergold'）：可生长至 30cm×35cm，多年生草本植物；呈乳黄色和绿色，是簇状常绿莎草的变种；喜排水性良好的环境；日照或遮阴均可。

金知风草"光环"（*Hakonechloa macra* 'Aureola'）：可生长至 36cm×40cm；是多年生落叶丛生草类的变种；亮金色带绿条纹，秋季呈淡红色；湿润土壤和遮阴能让颜色更好看。

白茅（*Imperata cylindrica*）：多年生草本植物。可生长至 30 ～ 80cm；适应性强，喜湿润、疏松土壤；耐阴。有红叶品种，叶子尖端呈现红色。

芒（*Miscanthus sinensis*）：杆可生长至 1 ～ 2m；丛状竖直向上生长，夏末至秋季长出银色羽状花头；冬末剪掉老叶；适宜生长在山地、丘陵和原野；成群落生长；不喜冬季潮湿，但可耐轻度潮湿。

竹

小琴丝竹（*Bambusa multiplex*）：竿高可达 7m；喜温暖湿润气候；有较强的抗旱能力；耐寒；夏季至秋季都有竹叶；竿和叶色泽鲜明，适宜作观赏植物。

寒竹（*Chimonobambusa marmorea*）：竿可长至 3m；喜阴；适合作为树篱种植；喜温暖气候；喜肥沃、排水性良好的土壤；实心（或空心）竹竿，红色斑驳条纹。

方竹（*Chimonobambusa quadrangularis*）：禾本科；竿高可达 8m；竹条四面扁平；秋季和冬季长出竹叶；喜阴；喜温暖气候；喜肥沃土壤；难移植；适合小型坪庭种植。

阴阳竹（*Hibanobambusa tranquillans*）：乔木或灌木状竹类植物；高可达 3m；赤竹属（*Sasa*）与毛竹属（*Phyllostachys*）杂交的耐寒品种；叶片很大，长有鲜艳的黄色条纹；竹条平滑；可用作树篱；耐干旱；具有极高观赏价值。

桂竹（*Phyllostachys bambusoides*）：是禾本科目竹属；竿高可达 20m；粗达 15cm；喜日照；喜温暖气候；喜肥沃土壤；难移植；适合培植成竹林；竿可用于建造篱笆和手工艺品。竹秆（'Castillonis'）：可生长至 8 ～ 10m；耐寒；金黄秆和绿叶上有着乳白色或黄色的斑点。

毛竹（*Phyllostachys edulis*）：竿高可达 20m，粗可达 20cm；是最厚的竹类；可培植成竹林；4 月为笋期，5—8 月开花；竹叶可食；难移植。

紫竹（*Phyllostachys nigra*）：竿高 4 ～ 8m，粗可达 5cm；在寒冷地区的冬季可能会冻死；适合小型坪庭种植或作为背景植物。

龟甲竹（*Phyllostachys pubescens* var. *heterocycla*）：

玉蝉花

生长在八桥附近的燕子花　日本鸢尾

竿高达 20m；粗可达 20cm；凸起的竹节连起竹竿；喜温暖湿润气候；是极佳的观赏竹。

金竹（*Phyllostachys sulphurea*）：可长至 8m；绿色竹竿会变成带绿色脉纹的亮黄色；喜光；耐阴；喜温暖湿润环境；喜排水性良好的土壤。

川竹（*Pleioblastus simonii*）：竿高可达 2～5m，粗可达 0.6～3cm；适合种植在河边。

亚平竹（*Semiarundinaria fastuosa*）：竿高可达 3～9m，粗可达 1～4cm；竿呈绿色，幼时长有褐色条纹，在阳光充足处可变为紫红色；及时修剪密集枝丫；老竿会渐失颜色，应修剪。

唐竹（*Sinobambusa tootsik*）：竿高可达 12m；生命力旺盛，对环境要求不高；耐寒；耐阴；耐热；要注意其生长具有侵略性；应用专门的保护竹子根部的塑料屏障来保护根系；是极佳的庭院观赏竹。

短竹类

矮小的竹子更应仔细修剪，保持其外形和大小适合于庭院，一般在早春时节，新笋还没有从地里冒出来时修剪得当。

黄条金刚竹（*Pleioblastus auricoma*）：可生长至 30cm～1.5m；有金色和绿色的叶片；喜阴。

菲白竹（*Pleioblastus variegatus*）：可生长至 30cm～1m；形成较厚的茂盛竹丛；绿色及乳白色斑叶。

青丝赤竹（*Sasa tsuboïana*）：竿高可达 80cm；喜温暖湿润的环境；耐寒；耐阴；不耐日光和高温；深绿色叶片形成圆形竹丛。

维氏熊竹（*Sasa veitchii*）：可长至 90cm；赤竹属小型灌木状竹类；可作为密集地被植物；叶片粗糙。

倭竹（*Shibataea kumasasa*）：竿高 1m，粗约 3～4mm；喜温暖湿润气候；耐寒；喜阴；可作为地被植物，或成片栽种并修剪为树篱。

苔藓

苔藓需要酸性、湿润、排水性良好的土壤。应在早春移植。

适合种植于庭院的苔藓包括蛇苔（*Conocephalum conicum*）、钱苔（*Marchantia polymorpha*）、扭叶小金发藓（*Pogonatum contortum*）、东北小金发藓（*P. grandifolium*）、大金发藓（*Polytrichum commune*）、叡山苔（*Selaginella japonica*）、大灰藓（*Steroden plumaeformis*）。

备选植物

四棱蚤缀（*Arenaria tetraquetra*）：浓密常绿植物；春季开出星形白花。

爱尔兰苔藓（*Sagina subulata*）：多年生地被植物；耐阴；可连片生长，早春能开出白色小花。

小翠云（*Selaginella kraussiana*）：土生，匍匐生长，长约 15～45cm；是原产于南非的多年生浓密常绿植物。

蕨类植物

铁线蕨（*Adiantum aleuticum*）：可生长至 75cm×75cm；常生于流水旁；适应性强；落叶植物或半常绿植物；外观像孔雀尾巴的羽毛。

鸟毛蕨（*Blechnum nipponicum*）：常青蕨类；喜遮阴或全阴环境；喜潮湿酸性土壤；革质叶片向上生长，像狮子的鬃毛或蜈蚣、沙丁鱼的脊骨。

大叶贯众（*Cyrtomium macrophyllum*）：可生长至 45cm×60cm；叶簇生；多生长于林下；常绿大叶贯众蕨类；全缘贯众（*C. falcatum*），植株高可达 30～40cm；耐阴；不耐光照；可盆栽。

骨碎补（*Davallia mariesii*）：植株最高可 15～40cm；叶片长有浅线条；叶片精美；落叶植物。

红盖鳞毛蕨（*Dryopteris erythrosora*）：可生长至 40～80cm；落叶蕨类，芽略带红色。日本蹄盖蕨（*Athyrium nipponicum*）：根茎也略带红色，

庭院中的苏铁

天女木兰

叶片为淡紫绿色。这两种蕨类都喜欢潮湿阴凉的环境；喜中性至酸性土壤；种植时须护根。

木贼（*Equisetum hiemale*）：常绿蕨类；直立茎干可长至50cm；适合种植在洗手钵旁边。

荚果蕨（*Matteuccia struthiopteris*）：可生长至1m；落叶植物，叶片向上生长；喜阴凉湿润环境。

棕鳞耳蕨（*Polystichum polyblepharum*）：可生长至60～90cm；多生长于山沟林下湿地；常青蕨类，羽毛球形叶片。

卷柏（*Selaginella tamariscina*）：生命力旺盛；多年生常青植物；长茎鳞叶；在岩石地带培植；喜中等肥沃、潮湿、排水性好的中性至偏酸性土壤；喜遮阴环境。

热带园景植物

苏铁（*Cycas revoluta*）：树干可长至2m；雌雄异株；生长缓慢；寿命长；喜全日照环境；初夏长新叶时，清除上一年的老叶；在较寒冷的区域，用稻草保护树冠御寒；恶潮湿。

芭蕉（*Musa basjoo*）：最高可生长至5m；多年生植物，带弓形叶片；喜排水性良好的中性至偏酸性土壤。俳句诗人松尾芭蕉（1644—1694）的名字由此而来。

观叶植物与观花植物

叶

一叶兰（*Aspidistra elatior*）：喜湿润、半阴环境；耐寒；有着深黑亮泽叶片的多年生植物；适合种在茶庭。

大吴风草（*Farfugium japonicum*）：可生长至30～70cm；常绿植物；喜半阴或全阴环境；叶片亮泽；不喜干燥环境。

玉簪属（*Hosta spp*）：多年生草本植物，种类繁多；喜阴；多生于林下、草坡；黄叶品种喜日照，但正午时须适当遮挡；恶干燥环境；春季须护根；

叶片呈卵形、长矛形、圆形或心形；夏季长出高高的穗状花序；带玉簪花香气；

富贵草（*Pachysandra terminalis*）：草木或藤蔓亚灌木；耐阴、耐寒；对土壤要求不高；耐旱；畏强光直射；有较强的观赏性。

万年青（*Rohdea japonica*）：天门冬科万年青属多年生常绿植物，革质叶片可长达30cm；夏季长出绿黄色花头，之后结出红色和白色的浆果；喜阴凉处的潮湿酸性土壤。

花

紫背金盘（*Ajuga nipponensis*）：可生长至10～25cm；多生于湿润处、林地；适应性强；多年生植物；春季短茎上开出浅粉色花。

紫苑（*Aster tartaricus*）：多年生草本植物；茎直立，高40～50cm；秋季开出精美淡紫色花；耐涝、耐寒；忌干旱。

落新妇（*Astilbe*）：矮化品种如 Sprite，叶片深色，有浅粉色穗状花序，夏季开花，可长至30cm高；可作切花或盆栽；喜遮阴处的肥沃湿润土壤。

埃文斯秋海棠（*Begonia grandis* subsp. *evansiana*）：可长至50cm；常栽培于林下；可耐 -20℃的严寒；避免阳光直晒；多年生植物，肉质茎干，茎节处为红色；从夏季到秋季开出浅红色单花。

白芨（*Bletilla striata*）：落叶性陆生兰花；喜潮湿肥沃的土壤；喜遮阴环境；有长矛形叶片；春季至初夏开出亮粉色花，秋季须护根，或拔起储藏于干燥无霜冻的地方。

七筋姑（*Clintonia udensis*）：可生长至30cm×20cm；多年生丛状草本植物；喜肥沃、湿润的中性至酸性土壤；喜半阴或全阴环境；夏季开出总状花序的钟形白花。

山东万寿竹（*Disporum smilacinum*）：植株茎高约15～35cm；通常不分枝；多年生植物；春

生长在日本广岛溪流旁的大吴风草

季每根茎干上开出一两朵白色垂状花；可作为林下植物成片种植；喜遮阴环境。

佩兰（*Eupatorium fortunei*）：可生长至 1m；菊科，泽兰属多年生草本植物；喜湿润土壤；秋季开出淡紫色伞状花序。

槭叶蚊子草（*Filipendula purpurea*）：多年生草本植物，可生长至 1.2m×60cm；锯齿形叶片，夏季开出深红色羽状花；全日照、半日照、遮阴环境均可；适合种植在水边。

牧龙胆属（*Gentiana*）：种类丰富，多为一年生或多年生草本植物；广泛分布在温带地区的高山和灌丛中；夏末开浅蓝色花；喜酸性土壤；可在石头间种植。

萱草（*Hemerocallis fulva*）：百合科萱草属的多年生半常绿植物，夏末开出橙色喇叭形花；喜阳光充沛的开阔地面，但不喜干燥环境。

獐耳细辛（*Hepatica nobilis* var. *japonica*）：可生长至 8～18cm；喜遮阴处的中性黏质土壤；多年生半常绿植物；早春开出星形紫蓝色花，花常先长于叶；恶移植；适合岩石庭院。

日本鸢尾（*Iris japonica*）：株高 20～40cm；春季至初夏开花；喜阴凉湿润的土壤。

阔叶山麦冬（*Liriope muscari*）：百合科山麦冬属；多年生常绿植物；秋季长出淡紫色穗状花序；喜酸性土壤；遮阴或全阴环境均可；耐干旱；可作为地被植物。

山麦冬（*Liriope spicata*）：可生长至 25cm×45cm；多年生半常绿植物；锯齿形叶片长 20～40cm；夏末开出淡紫色和白色的花；可作为地被植物形成绿化带，极具观赏性。

酸浆（*Physalis alkekengi*）：可生长至 50～80cm；多年生草木植物；秋季长成亮橙色、纸质灯笼形种子荚；耐寒、耐热；喜日照；不择土壤。

桔梗（*Platycodon grandiflorum*）：多年生草本植物；可生长至 20～120cm；早秋开出紫花（偶

有白花或粉花），有时夏季开花；花苞开放前像小小的纸气球；喜阳光充沛的肥沃土壤。

黄精（*Polygonatum falcatum*）：茎高 50～90cm；春末夏初开出精美的绿白色垂形花，顺着茎下垂。

堪察加景天（*Sedum kamtschaticum*）：景天属多年生草本植物；可生长至 40cm；可蔓生；一种优秀的地被植物，生长不具有侵略性；夏末开黄色花朵；喜阳光；喜排水性良好的土壤。

水生植物

石菖蒲（*Acorus gramineus*）：可生长至 30cm；根茎上分枝甚密，丛生；禾草状多年生半常绿植物，窄叶带香气，适合种植在泥泞潮湿的环境中；全日照、半日照、遮阴环境均可；矮化品种只需极少量土壤，让根部保持湿润即可成活。

玉蝉花（*Iris ensata*）：多年生草本植物；培养时应注意从春季到秋季前都要保持根部湿润；秋季和冬季要保持根部干燥；开花后应移栽至更大的容器中；喜偏酸性水成土；不要种得太深；越高级的品种越适合盆栽，可以近距离观赏花朵；不要施过多氮肥。

燕子花（*Iris laevigata*）：初夏盛开大朵紫色花朵；多年生草本植物；须终年保持根部湿润；适合种在池塘边。

莲花（*Nelumbo nucifera*）：柔美；叶片直径可长至 80cm；夏季开出单花或双花，为乳白色或粉色，花朵长在叶面上方的茎上，离水面可达 1.5m；喜日照；喜肥沃土壤；从春季开始慢慢把水深加至 40～60cm，较小的品种可加至 15～22cm；冬季在霜冻地区须在容器中种植并移至室内过冬，无霜冻地区则须在秋季和冬季将植栽降低水平线，确保根茎湿润。

睡莲（*Nymphaea* spp.）：多年生浮叶型水生草本植物。子午莲（*Nymphaea tetragona*）：叶纸

茵芋（1 月）

苏合香树（11 月）

偃伏梾木（12 月）

栎叶绣球的秋日色彩

质长 5 ～ 12cm，宽可达 9cm；耐寒；花朵小，直径 3 ～ 5cm；花瓣为白色，雄蕊为黄色。矮化杂交品种 Laydekerii，花呈红色和粉色，是睡莲的变种之一。

非传统替代植物

常绿植物

香桃木（*Myrtus communis*）：桃金娘科常绿灌木，有时可长为高达 5m 的小乔木；喜温暖湿润气候；喜光，亦可适应半阴；喜中性至偏碱性土壤；树叶密集茂盛；夏末开出带香气的白花，果实为紫黑色。

澳洲米花（*Ozothamnus ledifolius*）：常绿灌木；可生长至 2m 高，花朵小且簇生于末端分枝；常为白色，偶有粉色；带芳香深绿色叶片，形成圆形灌木丛；原产于澳大利亚。

顶花板凳果（*Pachysandra terminalis*）：可生长至 25cm×60cm；常绿地被植物；叶片亮泽呈旋涡形生长；生有白色浆果；喜偏酸性土壤，或每年施酸性肥料的中性土壤亦可；半阴或全阴环境均可；首种两三年后掐掉芽尖。

假叶树（*Ruscus aculeatus*）：可生长至 20cm；如果想要红色浆果，必须要有雌株和雄株，或选择自体受精的品种；喜极阴凉的环境；可作为林下植物和树篱。

黑果野扇花（*Sarcococca confusa*）：可生长至 2m；圆形灌木；冬季开出不显眼的芳香白花；可作为非常形树篱；喜阴；只在土壤湿润时耐日照。

茵芋（*Skimmia japonica*）：可生长至 60cm ～ 1.2m；如果希望植物结出浆果，必须同时种植雌株和雄株；秋季至春季结出有毒的红色浆果。

落叶性灌木

银刷树（*Fothergilla gardenii*）：可长至 1m；茂密灌木丛；春季长叶之前，开出瓶刷状、带香气的穗状花序；秋季颜色美丽；喜阳光充沛处的肥沃、湿润的酸性土壤。

苏合香（*Liquidambar orientalis*）：可长至 6m；生长缓慢的灌木；秋季颜色美丽，可变为紫色、橙色、黄色；喜阳光充沛处酸性至中性的土壤。北美飘香（*L. styraciflua*）栽培品种 Moonbeam 生长得更缓慢。

观花灌木

木槿（*Hibiscus syriacus*）：可生长至 2 ～ 5m 高；枝干笔直的落叶性灌木；大花；喜日照，但耐阴；生长快速；可作为树篱；在日本的非正式庭院中十分常见。木芙蓉（*H. mutabilis*）品种有着锦葵般的花朵。

鬼吹箫（*Leycesteria formosa*）：可长至 2m×2m；多生于阔叶林中或蕨类草丛中形成灌木丛；夏季至早秋长出棕紫色的诱人苞片；日照或遮阴环境均可；在寒冷地区，冬季来临前须护根。

欧丁香（*Syringa vulgaris*）：喜光；稍耐阴；原产欧洲；首种第一年冬季修剪，刺激灌木浓密生长；种类繁多。

适合冬季的植物

桤木（*Alnus cremastogyne*）：乔木，高可达 30 ～ 40m；喜光；喜温暖气候；需要种植在湿润但土壤排水性良好的地方。灰桤木（*Alnus incana*）耐瘦土；冬季光秃的枝干上开出下垂的柔黄花絮，结出棕色圆锥形果实；叶片秀美。

红端木（*Cornus alba*）：可生长至 3m×3m；梾木属落叶灌木；秋季叶片鲜红美丽，果实洁白；冬季茎为红色；理想的水边灌木，少有的观茎植物。

偃伏梾木（*Cornus stolonifera*）：落叶灌木，可长至 2 ～ 3m 高；其冬季枝干色彩呈红紫色；生长速度快；喜光，也适应半遮蔽环境；耐旱、耐寒；几乎无病虫害。

黄菖蒲

西欧绿绒蒿

延龄草　凤尾兰

金柳（*Salix alba* var. *vitellina*）：冬季枝条呈亮黄色和橙色。"波士顿白柳"品种冬季枝条为橙红色。"狸红"品种枝条为亮红色。

黄花柳（*Salix caprea*）：柳属灌木或小乔木；喜光、冷凉气候；耐寒；垂柳在早春长出灰色柔黄花序；适合小型庭院种植。

大花荚蒾（*Viburnum grandiflorum*）：可生长至 2.5m×2.5m；落叶性灌木；冬季在没有叶片的枝干上开出带香气的粉红色花簇。

野花

大星芹（*Astrantia major*）：可生长至 60～90cm 高；伞形花序下有多枚苞片，放射状排列，像光芒回射的星星；多年生草本丛状植物；初夏至仲夏开出被白色苞叶环绕的浅粉色五瓣小花，有时可开至更晚；喜湿润、肥沃的土壤，轻微耐干燥；日照或遮阴环境均可。巨星芹（*A. maxima*）更高大。

黄山梅（*Kirengeshoma palmata*）：多年生草本植物，可生长至 60～120cm；丛生阔叶，茎干细长，浅黄管状花；喜遮阴处湿润的酸性土壤；须用腐叶护根。

西欧绿绒蒿（*Meconopsis cambrica*）：一年生或多年本草本；花朵呈黄色、橙色甚至红色；在干燥地带培植，可作为树篱基底，容易成活。

延龄草（*Trillium tschonoskii*）：可生长至 15～50cm；喜林下阴湿、土质排水性良好且腐殖质层厚、有机质含量高的环境；畏光照和贫瘠土壤。

观叶植物

果香菊（*Chamaemelum nobilis*）：有强烈的香味；可生长至 30cm 高；适合作为地被植物。

蓝羊茅（*Festuca glauca*）：冷季型草；多年生常绿草本植物、丛生；灰蓝针状色叶片；株高可达 40cm，蓬径约为株高的 2 倍。

蓝燕麦草（*Helictotrichon sempervirens*）：多年生常绿丛状草本植物，灰蓝叶片可长至 25cm；喜排水性良好的碱性土壤；喜日照。

矾根（*Heuchera micrantha*）：多年生耐寒草本花卉，喜潮湿、肥沃、排水性良好的中性土壤；喜日照也耐阴；长有深绿色圆裂叶片；春季至仲夏，在长茎上开出乳状彩色花朵；还有其他品种。

新西兰麻（*Phormium tenax*）：喜阳光；喜温暖环境；不耐寒；喜肥沃、深厚、富含腐殖质的沙壤土；多年生常绿丛状植物，强直、厚革质叶片可长至 1m 以上；品种繁多。

长柱花（*Phuopsis stylosa*）：多年生草本植物；可生长至 20～60m；生长速度较慢；粉色绣球花头。品种 Purpurea 开紫花。

铺地百里香（*Thymus serpyllum*）：多年生草本植物；绝佳的地被植物；喜全日照或遮阴处排水性良好的瘦土；如果它开始蔓生，要在开花前大幅修剪。

凤尾兰（*Yucca gloriosa*）：常绿灌木，可生长至 1.5m；花叶叶密，适合栽种在大型庭院；须充足阳光及排水性良好的土壤，在冬季尤为如此；夏末至秋季长出棱角分明的硬质叶片及钟形白色的穗状花序。

水生植物

黄菖蒲（*Iris pseudacorus*）：多年生湿生或挺水宿根草本植物，可生长至 90cm～1.5m；仲夏至夏末开黄花；生命力旺盛。

变色鸢尾（*Iris versicolor*）：多年生草本植物，初夏至仲夏开蓝紫色花；喜湿润环境；喜排水性良好、富腐殖质的土壤。

在日本金泽市兼六园内，正在为松树过冬
而做准备，这些伞状的竹竿是为了保护树枝避
免被厚重积雪压折而设计的。将这种竹竿搭在
树木和小型灌木上，使它们本身就具有了特殊
的装饰性。日本的花园一年四季都很有趣。

内 容 提 要

日式庭院有让人着迷的神奇特质。它环境清幽，让人犹如置身大自然；它克制、和谐，让人心绪变得平和、沉静。它是热爱生命万物的表现，是对大自然四季转换的接受，也是对永恒不朽的感悟。

无论是几平方米的迷你庭院，还是宏伟的大型公园，日式庭院都能给你带来独一无二的感触，其背后凝结的文化更是赋予了日式庭院深厚的历史气息。

本书适合对日式庭院的建造及其历史文化感兴趣的读者阅读。

北京市版权局著作权合同登记号：图字 01-2018-8206

Original English Language Edition Copyright © **AS PER ORIGINAL EDITION**
IMM Lifestyle Books. All rights reserved.
Translation into Simplified Chinese **LANGUAGE** Copyright © 2020 by
China Water & Power Press, All rights reserved. Published under license.

图书在版编目（C I P）数据

和风禅境：打造纯正日式庭院 /（日）川口洋子著 ；
张小媛译. -- 北京 ：中国水利水电出版社，2020.10
（庭要素）
书名原文：AUTHENTIC JAPANESE GARDENS
ISBN 978-7-5170-8973-5

Ⅰ. ①和… Ⅱ. ①川… ②张… Ⅲ. ①庭院－园林设
计－日本 Ⅳ. ①TU986.631.3

中国版本图书馆CIP数据核字（2020）第202339号

策划编辑：庄 晨　　　责任编辑：王开云　　　封面设计：梁 燕

书　名	庭要素 和风禅境——打造纯正日式庭院 HEFENG CHANJING——DAZAO CHUNZHENG RISHI TINGYUAN
作　者	［日］川口洋子 著　张小媛 译
出版发行	中国水利水电出版社 （北京市海淀区玉渊潭南路 1 号 D 座 100038） 网址：www.waterpub.com.cn E-mail：mchannel@263.net（万水） 　　　　sales@waterpub.com.cn 电话：（010）68367658（营销中心）、82562819（万水）
经　售	全国各地新华书店和相关出版物销售网点
排　版	北京万水电子信息有限公司
印　刷	雅迪云印（天津）科技有限公司
规　格	210mm×285mm　16 开本　10 印张　306 千字
版　次	2020 年 10 月第 1 版　2020 年 10 月第 1 次印刷
定　价	69.90 元

凡购买我社图书，如有缺页、倒页、脱页的，本社营销中心负责调换
版权所有·侵权必究